Antonio Vincenti

ACCUMULATORI PER IMPIANTI AD ENERGIA RINNOVABILE
Guida alla progettazione e installazione

IESL

© Copyright 2016
IESL - Ing. Antonio Vincenti
www.iesl.it - info@studioiesl.com
Tutti i diritti sono riservati

Prima edizione
Data di pubblicazione: 17 luglio 2016

Nessuna parte di questa pubblicazione può essere riprodotta o distribuita in alcuna forma o mezzo, senza la preventiva autorizzazione scritta dell'Autore

Codice ISBN-13: 978-1535326728
Codice ISBN-10: 1535326727

Ad Anita e Andrea

INDICE

Premessa 11

Introduzione e cenni storici 14

Capitolo 1 - Richiami di elettrochimica 17

    Celle elettrolitiche 18

    Leggi di Faraday 21

    Celle galvaniche 25

    Stechiometria dei processi galvanici 28

    Energia libera di Gibbs 31

    Potenziali di elettrodo e voltaggio di cella 32

Capitolo 2 - Caratteristiche tecniche dei generatori elettrochimici 40

    Tensione nominale 40

    Tensione di carica 41

    Tensione finale di scarica 42

    Resistenza interna 43

    Corrente di corto circuito 45

    Capacità 47

Rendimento 48

Energia specifica e potenza specifica, densità di energia e densità di potenza 49

Massima profondità di scarica (DoD) 50

Stato di carica SoC e stato di salute SoH 51

Autoscarica 54

Effetto memoria 55

Capitolo 3 - Accumulatori stazionari *57*

Accumulatori al piombo-acido 57

Capitolo 4 - Progettazione e installazione degli accumulatori *64*

Calcolo della capacità del sistema di accumulo 65

Calcolo della temperatura di congelamento dell'elettrolita 65

Caratteristiche dei locali accumulatori 67

Ventilazione dei locali accumulatori 68

Capitolo 5 - Principali cause di guasto degli accumulatori *72*

Corto circuito delle celle 72

Interruzione meccanica delle celle 72

Inversione di polarità 72

Solfatazione 73

Rottura meccanica 73

Perdita di efficienza delle prestazioni 73

Glossario *76*

Bibliografia generale *90*

Premessa

Quest'ultimo decennio è stato caratterizzato da un incremento considerevole del fabbisogno energetico mondiale e dal massiccio ricorso alle fonti rinnovabili di energia, quali il fotovoltaico e l'eolico, capaci di integrarsi capillarmente sul territorio ma contraddistinte dall'aleatorietà della fonte primaria, generando enormi benefici in termini di inquinamento ma con notevoli scompensi alla rete elettrica nazionale, strutturata per essere gestita mediante poche centrali di elevata potenza, reciprocamente interconnesse, piuttosto che sovraccaricata da molteplici microreti (microgrids).

Per microreti si intendono generalmente reti attive di bassa e media tensione, equipaggiate con sistemi di produzione ed eventuale accumulo dell'energia elettrica con capacità di generazione che oscilla da pochi kW ad alcuni MW, che pur operando prevalentemente in connessione con la rete di distribuzione possono essere in grado di funzionare in isola ed essere risincronizzate all'occorrenza col distributore in caso di autoproduzione insufficiente. Le reti costituite da sistemi di produzione ed accumulo dell'energia, non connesse con la rete del distributore, rappresentano invece delle reti isolate (off grid).

In un contesto sempre più orientato alle smart grids le microreti giocano un ruolo fondamentale nello scenario energetico futuro e ancor di più gli accumulatori avranno un ruolo preponderante, essendo in grado di assorbire i sovraccarichi e sopperire all'aleatorietà delle fonti energetiche rinnovabili.

Il primo capitolo richiama alcuni concetti di elettrochimica necessari per comprendere il funzionamento di una cella galvanica; il secondo capitolo descrive nel dettaglio le caratteristiche tecniche dei generatori elettrochimici; il terzo capitolo illustra le tipologie di accumulatori maggiormente utilizzati negli impianti ad energia rinnovabile; il quarto capitolo tratta la progettazione ed installazione degli accumulatori e il quinto capitolo le principali cause di guasto di un accumulatore.

Conclude il testo un utile glossario, necessario per acquisire una buona padronanza dei termini tecnico-scientifici.

Realizzare un libro è un'operazione complessa e richiede parecchi controlli sulla veridicità delle informazioni trattate, l'esperienza insegna tuttavia, che pubblicare un'opera priva di errori è praticamente impossibile, pertanto è gradito qualsiasi suggerimento atto a migliorare il contenuto della pubblicazione.

Introduzione e cenni storici

Con la rivoluzione industriale del 1780 si intensificò l'interesse della società verso lo sviluppo di nuove forme di energia, caratterizzata a quel tempo dalla conversione del calore, prodotto mediante la combustione di fonti fossili, in energia meccanica, in grado di azionare le grosse macchine industriali dell'epoca. Sin da subito si capì che occorreva imbrigliare l'energia per riutilizzarla in tempi differiti, senza l'onere ingombrante di doversi portare dietro tutto l'intero sistema di produzione.
Con la rivoluzione industriale del 1780 si intensificò l'interesse della società verso lo sviluppo di nuove forme di energia, caratterizzata a quel tempo dalla conversione del calore, prodotto mediante la combustione di fonti fossili, in energia meccanica, in grado di azionare le grosse macchine industriali dell'epoca. Sin da subito si capì che occorreva imbrigliare l'energia per riutilizzarla in tempi differiti, senza l'onere ingombrante di doversi portare dietro tutto l'intero sistema di produzione.
In quell'epoca cominciavano ad affiorare le prime timide teorie sull'elettricità, ad opera dello scienziato Benjamin Franklin, successivamente riprese dal fisico e fisiologo Luigi Galvani, il quale si soffermò principalmente sugli effetti fisiologici della corrente elettrica, per giungere sino al 1799 con la pila voltaica di Alessandro Volta, inizialmente chiamata apparato elettromotore, a tutti gli effetti il primo generatore statico di energia elettrica.
La pila di Volta è costituita da singoli elementi sovrapposti, denominati elementi voltaici, ciascuno dei quali è composto da un disco di zinco sovrapposto ad uno di rame, con uno strato intermedio di feltro o cartone imbevuto in acqua salata o acidulata.
Ai capi dei due elettrodi si genera un flusso ordinato di elettroni, dovuto essenzialmente alla differenza di potenziale instauratasi in ogni singolo elemento voltaico; la corrente elettrica così generata è dovuta a reazioni

chimiche tra lo zinco che costiutisce il polo negativo, il rame che costiutisce il polo positivo e il mezzo umido interposto.

Ciascun elemento voltaico collegato in serie contribuisce ad aumentare la tensione elettrica ai capi della pila e dunque ne incrementa la forza elettromotrice.

La pila fu l'unico sistema di produzione dell'energia elettrica fino al 1869, anno in cui fu inventata la dinamo.

Pila di Volta

CAPITOLO 1

RICHIAMI DI ELETTROCHIMICA

L'elettrochimica studia le trasformazioni che intercorrono tra l'energia elettrica e l'energia chimica.

Genericamente si definisce sistema elettrochimico un insieme di elementi atti a produrre reazioni di ossidoriduzione (redox) spontanee e non spontanee; le reazioni redox spontanee producono energia elettrica mentre quelle non spontanee richiedono energia elettrica.

In un sistema elettrochimico l'energia elettrica può essere trasformata in energia chimica per mezzo delle celle elettrolitiche, nelle quali il flusso di elettroni indotto dall'esterno (per esempio da un generatore di corrente) produce trasformazioni chimiche non spontanee, viceversa l'energia chimica può essere spontaneamente trasformata in energia elettrica per mezzo delle celle galvaniche o voltaiche (pile, accumulatori, fuel cells).

Convenzionalmente è definito anodo l'elettrodo in cui avviene il processo di ossidazione (definito anche "pompa di elettroni" in quanto emette elettroni) e catodo l'elettrodo in cui avviene il processo di riduzione (per ricordare: vocale con vocale, consonante con consonante oppure, basti pensare ad un gatto rosso che in inglese diventa red-cat: riduzione al catodo!); è bene chiarire che nelle celle elettrolitiche l'anodo rappresenta il polo positivo mentre nelle celle galvaniche rappresenta il polo negativo, analogamente il catodo è costituito dal polo negativo nelle celle elettrolitiche e dal polo positivo nelle celle galvaniche.

Celle elettrolitiche

Le celle elettrolitiche sono caratterizzate da due elettrodi immersi in un recipiente contenente una soluzione acquosa costituita solitamente da acidi, basi e/o sali fusi, che prende il nome di conduttore elettrolitico. Contrariamente a quanto avviene nei conduttori metallici, in cui la corrente elettrica è generata dalla migrazione di elettroni, nei conduttori elettrolitici la conduzione elettrica è dovuta ad una migrazione di ioni e alle relative reazioni chimiche agli elettrodi.

Fornendo energia elettrica alla cella elettrolitica si generano determinate trasformazioni chimiche che permettono la migrazione degli ioni e l'instaurarsi di reazioni di ossido-riduzione agli elettrodi (elettrolisi). Qualora tale processo avvenga indipendentemente dalla corrente elettrica si parla invece di dissociazione elettrolitica.

Un esempio comune è l'elettrolisi del cloruro di sodio fuso.

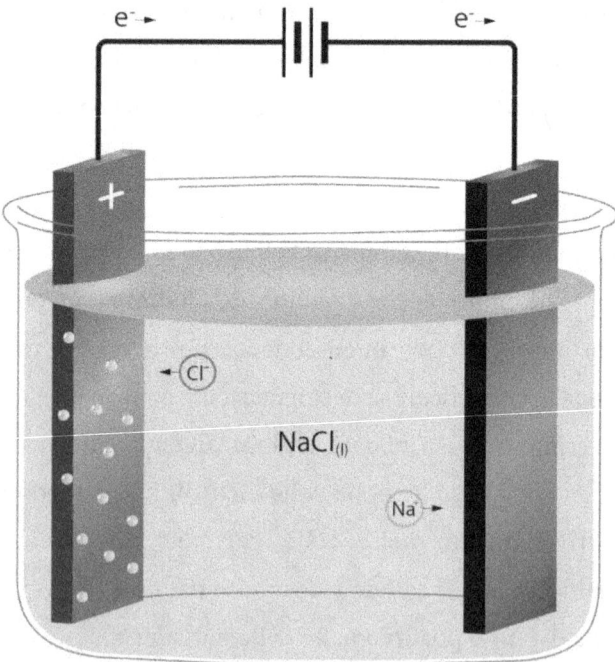

Fig. 1.1 - Elettrolisi di NaCl fuso

La cella elettrolitica mostrata in fig. 1.1 è formata da due elettrodi inerti, collegati ad un generatore di corrente e immersi in una soluzione di cloruro di sodio fuso. Per convenzione identifichiamo, nelle celle elettrolitiche, quale polo negativo l'elettrodo in cui vengono pompati gli elettroni e polo positivo l'elettrodo in cui vengono estratti. Si definisce anodo l'elettrodo in cui avviene un'ossidazione e catodo l'elettrodo in cui avviene una riduzione.

Il cloruro di sodio è dissociato in ioni Cl^- e Na^+. Gli ioni Na^+ sono attratti dal polo negativo, quindi si riducono acquistando elettroni, trasformandosi in sodio metallico. Lo ione Cl^- viene attratto dal polo positivo, a cui cede un elettrone e diventa cloro gassoso; si verifica quindi la riduzione dello ione sodio al polo negativo e l'ossidazione dello ione cloruro al polo positivo.

Tornando all'esempio di fig. 1.1, l'anodo è costituito dal polo positivo, in cui è avvenuta l'ossidazione dello ione cloruro mentre il catodo è costituito dal polo negativo, in cui si è verificata una riduzione dello ione sodio.

Il passaggio di corrente elettrica nel circuito esterno è dovuto al processo di sottrazione di elettroni all'elettrodo negativo, da parte dello ione sodio che si riduce e di cessione di elettroni all'elettrodo positivo da parte dello ione cloruro che si ossida.

Analizzando nel dettaglio la trasformazione chimica che avviene nella cella elettrolitica illustrata in precedenza, possiamo riassumere come segue.

Il cloruro di sodio fuso si dissocia, in seguito all'alta temperatura (circa 800°C), in ioni Na^+ e ioni Cl^- (Dissociazione elettrolitica):

$$2NaCl = 2Na^+ + 2Cl^-$$

Gli ioni Na$^+$ attratti dal polo negativo, subiscono una riduzione e creano sodio metallico (riduzione catodica):

$$2Na^+ + 2e^- = 2Na$$

Gli ioni Cl$^-$ attratti dal polo positivo, subiscono un'ossidazione e creano atomi di cloro. Tale processo porta alla formazione di atomi e prende il nome di processo primario (ossidazione anodica):

$$2Cl^- = 2Cl + 2e^-$$

Gli atomi di cloro si riuniscono a coppie per formare molecole di Cl$_2$. Tale meccanismo porta alla formazione di molecole e prende il nome di processo secondario:

$$2Cl = Cl_2$$

Il processo chimico totale è dato dalla somma dei suddetti processi:

$$2NaCl\ (l) = 2Na\ (l) + Cl_2\ (g)$$

Il cloruro di sodio fuso si è trasformato in sodio metallico (è liquido per via dell'elevata temperatura della cella) e si è ottenuto del cloro gassoso. L'energia elettrica ha pertanto provocato la riduzione dello ione sodio Na$^+$ a sodio metallico Na e l'ossidazione dello ione cloruro Cl$^-$ a cloro gassoso Cl$_2$.

L'elettrolisi di sali fusi è un processo adoperato nei trattamenti elettrometallurgici di estrazione dei metalli, specie quelli alcalini e alcalino-terrosi del III gruppo, ma trova largo impiego anche nell'elettrodeposizione catodica dello zinco, processo utilizzato in ambito industriale per preservare l'acciaio dalla ossidazione/corrosione. Il processo di elettrodeposizione utilizza una cella elettrolitica costituita da un anodo di zinco sacrificale, un catodo costituito dall'acciaio da rivestire ed una soluzione di sali di zinco:

$$Zn^{2+} (aq) + 2e^- = Zn (s)$$

Applicando energia elettrica al sistema, lo ione Zn^{2+} verrà attratto dal polo negativo (catodo) subendo una riduzione e trasformandosi in zinco metallico.
Un altro trattamento elettrochimico, molto importante in ambito industriale, è rappresentato dalla raffinazione del rame per applicazioni elettriche.

Leggi di Faraday

I processi elettrolitici sono regolati dalle leggi di Faraday ed in particolare, la prima legge stabilisce che la quantità di sostanza w prodotta in corrispondenza di un elettrodo, durante l'elettrolisi, è direttamente proporzionale alla quantità di carica Q trasferita:

$$w = w_e \cdot Q$$

in cui:

    w = quantità di sostanza

    Q = quantità di carica espressa in C

    w_e = equivalente elettrochimico, pari alla quantità di sostanza ottenuta facendo passare nella cella un Coulomb di carica elettrica, espresso in $g \cdot C^{-1}$

Considerando che la quantità di carica Q espressa in Coulomb è uguale all'intensità di corrente I espressa in ampere per il tempo t espresso in secondi, la prima legge di faraday si può anche scrivere nel modo seguente:

$$w = w_e \cdot I \cdot t$$

in cui:
- w = quantità di sostanza
- I = intensità di corrente espressa in A
- t = tempo espresso in s
- w_e = equivalente elettrochimico, pari alla quantità di sostanza ottenuta facendo passare nella cella un Coulomb di carica elettrica, espresso in $g \cdot C^{-1}$

La quantità di sostanza prodotta in corrispondenza di un elettrodo durante l'elettrolisi è direttamente proporzionale all'intensità di corrente applicata per il relativo tempo di applicazione.

La seconda legge di Faraday afferma che la quantità di carica elettrica che passa attraverso una soluzione elettrolitica, produce o consuma agli elettrodi quantità di sostanze le cui masse sono direttamente proporzionali alla massa equivalente delle sostanze stesse.

La massa equivalente Me di una sostanza è definita come il rapporto tra la massa di una mole di particelle della sostanza (M) e la relativa valenza (v).

$$Me = M / v$$

Pertanto se M rappresenta la massa di un'ipotetica sostanza prodotta o consumata ad un elettrodo, il rapporto M/Me è sempre lo stesso:

$$M_1 = Me_1 = M_2 = Me_2 = M_3 = Me_3 = \ldots$$

Nello stesso intervallo di tempo, uguali intensità di corrente liberano, agli elettrodi, la stessa massa equivalente di sostanze diverse.

Per comprendere meglio la seconda legge di Faraday facciamo un esempio concreto.

Supponiamo di avere una soluzione in cui sono contenuti ioni Ag^+ e di voler conoscere la massa di argento depositata al catodo al passaggio di una quantità di carica Q pari a 1 F (1 F = 1 Faraday = 96487 C approssimato a 96500 C):

$$Ag^+ + e^- = Ag$$

La massa molare, in grammi, dell'argento è pari a 107,9 g/mol, la valenza dello ione è pari a 1 e pertanto:

$$Me_{Ag} = M_{Ag}/v_{Ag} = 107,9 / 1 = 107,9 \text{ g di Ag}$$

Lo ione argento acquista un elettrone, depositando al catodo una massa equivalente pari a 107,9 g di Ag.

Ipotizziamo questa volta di avere una soluzione in cui sono contenuti ioni Cu^{2+} e di volere conoscere la massa di rame depositata al catodo al passaggio di una quantità di carica Q pari a 1 F:

$$Cu^{2+} + 2e^- = Cu$$

La massa molare, in grammi, del rame è pari a 63,546 g/mol, la valenza dello ione Cu^{2+} è pari a 2 e pertanto:

$$Me_{Cu} = M_{Cu}/v_{Cu} = 63,546 / 2 = 31,8 \text{ g di Cu}$$

Lo ione rame acquista due elettroni, depositando al catodo una massa equivalente pari a 31,8 g di Cu.
E' chiaro quindi che 1F equivale alla quantità di elettricità corrispondente ad una mole di elettroni:

$$1F \Rightarrow M \text{ (g·mol}^{-1}) / v$$

L'equivalente elettrochimico w_e, definito come la quantità di elettrolita che si deposita in seguito al passaggio di un C, si può associare al faraday mediante questa espressione:

$$w_e = M \text{ (g·mol}^{-1}) / v \cdot F \text{ (C·mol}^{-1})$$

ottenendo la quantità di sostanza che si deposita in seguito al passaggio di 1 C, di conseguenza, è possibile unificare le due leggi di faraday con la seguente espressione unica:

$$w(g) = [M \text{ (g·mol}^{-1}) / v \cdot F \text{ (C·mol}^{-1})] \cdot I(A) \cdot t(s)$$

Supponiamo ora di considerare la seguente cella elettrolitica, in cui all'anodo avviene l'ossidazione del rame e al catodo la riduzione dell'argento:

$$\text{anodo } (+) \rightarrow Cu = Cu^{2+} + 2e^-$$

$$\text{catodo } (-) \rightarrow Ag^+ + e^- = Ag$$

Applichiamo, alla cella così composta, una corrente I = 0,2 A per un tempo t pari a 60 minuti (3600 secondi).
La quantità di Ag depositato al catodo sarà pari a:

$$w_{(Ag)} = [107{,}87 \text{ (g·mol}^{-1}) \cdot 0{,}2 \text{ (C·s}^{-1}) \cdot 3600 \text{ (s)}] / [1 \cdot 96487 \text{ (C·mol}^{-1})] =$$
$$= 0{,}80 \text{ g di Ag}$$

La quantità in grammi di Cu disciolto all'anodo sarà pari a:

$$w_{(Cu)} = [63{,}55 \text{ (g·mol}^{-1}) \cdot 0{,}2 \text{ (C·s}^{-1}) \cdot 3600 \text{ (s)}] / [2 \cdot 96487 \text{ (C·mol}^{-1})] =$$
$$= 0{,}23 \text{ g di Cu}$$

Celle galvaniche
La cella galvanica o voltaica o più comunemente pila è di particolare interesse in ambito industriale in quanto permette di generare, spontaneamente, un flusso ordinato di cariche elettriche che, dal sistema che si ossida giungono, mediante un circuito conduttore esterno, al sistema che si riduce.

Un classico esempio di cella galvanica è rappresentato dalla pila Daniell (fig. 1.2), costituita da un elettrodo di zinco immerso in una soluzione di solfato di zinco $ZnSO_4$ (1M), dissociato in ioni Zn^{2+} e ioni SO_4^{2-}, tale soluzione è separata, mediante un setto poroso, da una soluzione di solfato di rame $CuSO_4$ (1M) in cui è immerso un elettrodo di rame.
Il setto poroso è di fondamentale importanza in quanto impedisce che gli ioni rame si possano ricombinare con gli elettroni della semicella contenente l'elettrodo di zinco, permettendo invece una migrazione elettronica nel circuito esterno.

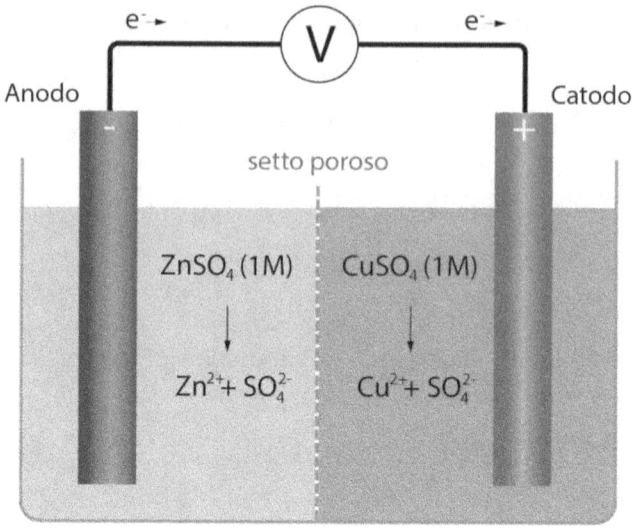

Figura 1.2 - Pila Daniell

Nella semicella contenente l'elettrodo di zinco, $ZnSO_4$, avviene la seguente reazione di ossidazione:

$$Zn(s) \rightarrow Zn^{2+} + 2\ e^-$$

mentre nella semicella, contenente l'elettrodo di rame, immerso in una soluzione $CuSO_4$, avviene la seguente reazione di riduzione:

$$Cu^{2+} + 2\ e^- \rightarrow Cu(s)$$

L'elettrodo di zinco costituisce quindi l'anodo mentre l'elettrodo di rame rappresenta il catodo.
La pila di Daniell può essere schematizzata nel modo seguente:

$$Zn\ |\ Zn^{2+}\ (1M) : Cu^{2+}\ (1M)\ |\ Cu$$

Con | si indica la separazione di fase mentre con : si indica il setto poroso.

Le convenzioni internazionali suggeriscono di indicare a sinistra la pompa di elettroni, ovvero l'anodo, che nelle celle galvaniche rappresenta il polo negativo e a destra il catodo in cui avviene la riduzione e rappresenta, nelle celle galvaniche, il polo positivo.

Il processo elettromotore globale che genera corrente elettrica è il seguente:

$$Zn + Cu^{2+} = Zn^{2+} + Cu$$

Il contatto elettrico tra due soluzioni può anche avvenire mediante un ponte salino.

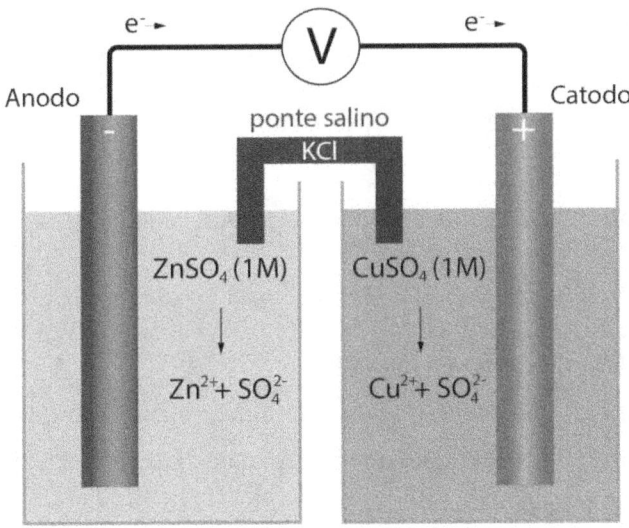

Figura 1.3 - Pila Daniell con ponte salino

La pila Daniell con ponte salino (fig. 1.3) è costituita da:
- ☑ un recipiente contenente una soluzione di $ZnSO_4$ in cui è immerso un elettrodo di zinco,
- ☑ un recipiente contenente una soluzione di $CuSO_4$ in cui è immerso un elettrodo di rame,
- ☑ un tubo ad U contenente un forte elettrolita, per esempio Cloruro di Potassio (KCl), disperso in un gel.

Le soluzioni sono separate tra loro e comunicano solo per mezzo del ponte salino.

Il ponte salino ha lo scopo di bilanciare le reazioni che avvengono all'interno dei due recipienti, fornendo ioni Cl^- alla soluzione contenente cariche positive in eccesso, dovute al processo di ossidazione dello zinco e compensando il difetto di ioni positivi Cu^{2+}, che si depositano sull'elettrodo di rame in seguito al processo di riduzione, mediante l'immissione di ioni K^+.

La pila di Daniell con ponte salino può essere schematizzata nel modo seguente:

$$Zn \mid Zn^{2+} (1M) \parallel Cu^{2+} (1M) \mid Cu$$

Con | si indica la separazione di fase mentre con || si indica il ponte salino.

Stechiometria dei processi galvanici

La stechiometria dei processi galvanici indica il rapporto quantitativo di due o più sostanze reagenti all'interno di una cella galvanica ed è regolata dalle leggi di Faraday.

Ipotizziamo di voler conoscere i Coulomb prodotti da una sbarretta di Zn di massa pari a 5 g; ricordando che una mole di Zn in soluzione genera ioni $Zn^{2+} + 2e^-$ e pertanto 2F di elettricità, essendo il Faraday la carica portata da una mole di elettroni, possiamo ottenere il numero di moli corrispondenti a 5 g di zinco:

$$n_{Zn} = 5 \text{ (g)} / 65{,}39 \text{ (g mol}^{-1}) = 0{,}0764 \text{ moli}$$

e, successivamente, moltiplicare il numero delle moli di zinco per i Faraday corrispondenti ad una mole di zinco in soluzione, ottenendo la quantità di carica generata, espressa in Coulomb:

$$n_{Zn} \cdot 2 \cdot F = 0{,}0764 \cdot 2 \cdot 96487 = 14755 \text{ C}$$

Una sbarretta di 5 g di zinco produce quindi una quantità di carica elettrica pari a circa 15000 C.
Supponiamo adesso di voler conoscere la quantità, espressa in g, di massa disciolta e/o depositata agli elettrodi, da una cella galvanica costituita da una semicella contenente una soluzione di solfato di zinco $ZnSO_4$, in cui è immerso un elettrodo di zinco Zn, separata mediante un ponte salino da una semicella contenente solfato di cadmio $CdSO_4$, in cui è immerso un elettrodo di cadmio Cd:

$$Zn \mid ZnSo4 \parallel CdSo4 \mid Cd$$

che eroga una corrente di 0,75 A in 3 ore. Si supponga che la massa iniziale degli elettrodi sia pari a 5 g.
Innanzitutto definiamo il processo elettromotore globale della cella, considerando che, per definizione, l'anodo rappresenta la pompa di elettroni e si indica alla sinistra della reazione:

$$\text{Anodo} \Rightarrow Zn \rightarrow Zn^{2+} + 2e^-$$
$$\text{Catodo} \Rightarrow Cd^{2+} + 2e^- \rightarrow Cd$$

Sommando le due semireazioni otteniamo il processo elettromotore globale della cella:

$$Zn + Cd^{2+} = Zn^{2+} + Cd$$

La quantità di carica Q espressa in Coulomb è pari al prodotto della corrente erogata per il tempo espresso in secondi:

$$Q = 0{,}75 \text{ (A)} \cdot 3 \text{ (h)} \cdot 60 \text{ (m)} \cdot 60 \text{ (s)} = 8100 \text{ C}$$

essendo il Faraday la carica portata da una mole di elettroni, il numero di moli di elettroni $n_{elettroni}$ è pari a:

$$n_{elettroni} = 8100 \text{ (C)} / 96487 \text{ (C·mol}^{-1}\text{)} = 0{,}084 \text{ moli}$$

La quantità di massa disciolta all'anodo Zn sarà pari a:

$$w_{(Zn)} = [65{,}39 \text{ (g·mol}^{-1}\text{)} / 2 \cdot 96487 \text{ (C·mol}^{-1}\text{)}] \cdot 8100 \text{ (C)} = 2{,}74 \text{ g}$$

La quantità di massa depositata al catodo Cd sarà pari a:

$$w_{(Cd)} = [112{,}41 \text{ (g·mol}^{-1}\text{)} / 2 \cdot 96487 \text{ (C·mol}^{-1}\text{)}] \cdot 8100 \text{ (C)} = 4{,}71 \text{ g}$$

La massa finale dell'elettrodo Zn sarà pari a 5,0 (g) - 2,74 (g) = 2,26 g.
La massa finale dell'elettrodo Cd sarà pari a 5,0 (g) + 4,71 (g) = 9,71 g.

Energia libera di Gibbs

Il lavoro elettrico speso dalla cella galvanica è pari alla quantità di carica Q espressa in Coulomb per la differenza di potenziale elettrico espresso in volt:

$$\text{Lavoro elettrico (J)} = Q \cdot E$$

Sapendo che 1F corrisponde alla quantità di carica Q portata da una mole di ioni monovalenti, di conseguenza la quantità di carica portata da uno ione avente valenza z sarà pari a:

$$\text{Lavoro elettrico (J)} = z \cdot F \cdot E$$

Il lavoro elettrico fornito da una cella galvanica corrisponde ad una diminuzione di energia libera contenuta nella pila stessa e pertanto può essere indicata nel modo seguente:

$$-\Delta G = z \cdot F \cdot E$$

con ΔG che rappresenta l'energia libera di Gibbs.
Una reazione spontanea è sempre accompagnata da una diminuzione dell'energia libera, quindi $\Delta G < 0$;
Una reazione non spontanea è sempre accompagnata da un aumento dell'energia libera, quindi $\Delta G > 0$;
Volendo calcolare l'energia libera di Gibbs associata alla pila dell'esercizio precedente, conoscendo la differenza di potenziale elettrico E = 1,10 V si avrà:

$$-\Delta G = n_{Zn} \cdot z \cdot F \cdot E$$

$$\Delta G = (5{,}0 \text{ (g)} / 65{,}4 \text{ (g·mol}^{-1}\text{)}) \cdot 2 \cdot 96487 \text{ (C)} \cdot 1{,}10 \text{ V} = -16228 \text{ J} =$$
$$= -16 \text{ kJ}$$

Altresì è possibile calcolare la forza elettromotrice E conoscendo la variazione di energia libera ΔG.

Considerando la reazione globale di un accumulatore al piombo:

$$Pb + PbO_2 + 2\ H_2SO_4 \leftrightarrow 2\ PbSO_4 + 2\ H_2O$$

il valore della variazione di energia libera standard $\Delta G°$ corrispondente, calcolato sulla base dei valori di riferimento standard, è pari a:

$$\Delta G° = -393{,}88 \text{ kJ·mol}^{-1}$$

La forza elettromotrice standard E sarà pari a:

$$E = -\Delta G° / z \cdot F$$

e pertanto E sarà uguale a:

$$E = [\ 393{,}88 \cdot 10^3 \text{ (J)}\ ] / [\ 2 \cdot 96487 \text{ (C)}\ ] = 2{,}04 \text{ V}$$

Potenziali di elettrodo e voltaggio di cella

Il processo elettromotore globale della pila Daniell è dato dalla somma del processo di ossidazione anodica dello zinco e del processo di riduzione catodica dello ione rameico.

Quando un metallo è immerso in una soluzione dei propri ioni si forma un doppio strato elettrico all'interfase metallo-soluzione, esiste quindi una differenza di potenziale tra un elettrodo e la soluzione degli ioni in cui l'elettrodo stesso è immerso; è possibile affermare quindi che la forza elettromotrice della pila sarà pari alla somma del contributo dovuto alla fem dell'elettrodo in cui avviene l'ossidazione, definito potenziale di ossidazione e la fem dell'elettrodo in cui avviene la riduzione, definito potenziale di riduzione. I potenziali di elettrodo, non essendo in alcun modo misurabili, sono rilevati determinando la fem di una cella costituita da un elettrodo normale ad idrogeno (elettrodo di riferimento in condizioni standard: concentrazione di ioni H^+ in soluzione pari a 1M e pressione del gas pari a 1 atm), a cui è assegnato il valore di potenziale 0 e dall'elettrodo di cui si vuole conoscere il potenziale; la fem globale risultante sarà pari al potenziale dell'elettrodo da analizzare e, a seconda del processo chimico subito dall'elettrodo all'interno della cella, si indicherà quale potenziale normale di riduzione o potenziale normale di ossidazione.

Per chiarire meglio il concetto appena esposto, supponiamo di voler analizzare la seguente cella costituita da un elettrodo normale ad idrogeno separata mediante un ponte salino da un elettrodo di rame Cu immerso in una soluzione di ioni Cu^{2+} in concentrazione 1M:

$$(Pt)\ H_2\ (g)\ (1\ atm)\ |\ H^+\ ((1M)\ ||\ Cu^{2+}\ (1M)\ |\ Cu$$

a sinistra è riportato l'elettrodo normale ad idrogeno, a destra l'elettrodo di cui vogliamo conoscere il potenziale.

La fem della cella, misurata a 25°C, corrisponde a:

$$E°_{cella} = 0,340\ V$$

Il processo elettromotore che si è verificato all'interno della cella è il seguente:

Anodo (-) $\Rightarrow$ $H_2 = 2H^+ + 2e^-$
Catodo (+) $\Rightarrow$ $Cu^{2+} + 2e^- = Cu$

Essendo il potenziale dell'elettrodo normale ad idrogeno pari a 0, la fem globale della cella corrisponde con il potenziale dell'elettrodo di rame, che ha funzionato da catodo:

$$E°_{Cu^{2+}/Cu} = 0,340 \text{ V (catodo)}$$

poichè l'elettrodo in esame ha funzionato da catodo, quindi ha subito una riduzione, prende il nome di potenziale normale di riduzione.
Ricordando che una reazione si definisce sempre spontanea quando è accompagnata da una diminuzione dell'energia libera di Gibbs ($\Delta G < 0$) l'elettrodo di rame, in cella con l'elettrodo di riferimento ad idrogeno, si riduce spontaneaneamente.
Il potenziale normale di ossidazione sarà invece pari al potenziale normale di riduzione cambiato di segno:

$$E°_{Cu/Cu^{2+}} = -0,340 \text{ V}$$

a cui si associa una variazione dell'energia libera di Gibbs $\Delta G > 0$, indicando che l'elettrodo di rame non subisce una ossidazione spontanea.
I potenziali di elettrodo misurati sperimentalmente sono stati raccolti in una tabella, chiamata serie di potenziali standard (o normali) di riduzione, ordinata in funzione di E°; i potenziali normali di ossidazione sono ottenuti semplicemente cambiando di segno i potenziali normali di riduzione.

Un sistema elettrochimico costituito da una determinata coppia elettrodica subisce una ossidazione a spese della specie caratterizzata dal potenziale standard E° più basso. Alcuni potenziali di riduzione standard E° sono i seguenti:

Semireazione di riduzione	Potenziale normale di riduzione E°
$Li^+(aq) + e^- \rightarrow Li(s)$	-3,04V
$Zn^{2+}(aq) + 2e^- \rightarrow Zn(s)$	-0,762V
$Fe^{2+}(aq) + 2e^- \rightarrow Fe(s)$	-0,41V
$Sn^{2+}(aq) + 2e^- = Sn(s)$	-0,14V
$Pb^{2+}(aq) + 2e^- = Pb(s)$	-0,13V
$2H^+(aq) + 2e^- \rightarrow H_2(g)$	0V
$Cu^{2+}(aq) + 2e^- \rightarrow Cu(s)$	0,34V
$F_2(g) + 2e^- \rightarrow 2F^-(aq)$	2,87V

Tabella 1.1 - Serie di potenziali normali o standard di riduzione

Considerando la seguente coppia elettrodica e i corrispondenti valori di potenziale standard di riduzione E°:

$$Zn^{2+}(aq) + 2e^- \rightarrow Zn(s) \quad \Rightarrow \quad E° = -0,76V$$
$$Fe^{2+}(aq) + 2e^- \rightarrow Fe(s) \quad \Rightarrow \quad E° = -0,41V$$

si evidenzia che il sistema elettrochimico costituito dagli ioni Zn^{2+} tenderà all'ossidazione mentre il sistema costituito dagli ioni Fe^{2+} tenderà alla riduzione; il processo spontaneo che si verifica sarà quindi caratterizzato dalle seguenti reazioni:

$$Zn(s) \rightarrow Zn^{2+}(aq) + 2e^-$$
$$Fe^{2+}(aq) + 2e^- \rightarrow Fe(s)$$

la reazione globale sarà pertanto la somma delle due semireazioni:

$$Zn + Fe^{2+} \rightarrow Zn^{2+} + Fe$$

nel sistema galvanico Zn | Zn2+ || Fe2+ | Fe l'elettrodo di zinco funge da anodo e l'elettrodo di ferro funge da catodo.

La forza elettromotrice della cella, in condizioni standard o normali (concentrazione 1M, temperatura 25°C e pressione 1 atm), sarà pari alla somma della fem dell'elettrodo in cui si verifica l'ossidazione più la fem dell'elettrodo in cui si verifica la riduzione.

E_{cella} = Potenziale normale di riduzione (catodo) + Potenziale normale di ossidazione (anodo)

avendo appreso che il potenziale normale di ossidazione è pari al potenziale normale di riduzione cambiato di segno, la fem della cella si può scrivere anche:

E_{cella} = Potenziale normale di riduzione (catodo) - Potenziale normale di riduzione (anodo)

Supponiamo quindi di volere calcolare la fem del sistema elettrochimico $Zn + Fe^{2+} \rightarrow Zn^{2+} + Fe$, illustrato in precedenza, sapendo che lo zinco funziona da anodo e il ferro funziona da catodo:

E_{cella} = Potenziale normale di riduzione (catodo) + Potenziale normale di ossidazione (anodo) = -0,41 + 0,76 = 0,35V
oppure
E_{cella} = Potenziale normale di riduzione (catodo) - Potenziale normale di riduzione (anodo) = -0,41 - (-0,76) = 0,35V

Quanto appena espresso è valido per sistemi elettrochimici in condizioni standard, nel caso in cui le condizioni della cella galvanica non fossero standard (concentrazione diversa da 1M, temperatura diversa da 25°C e pressione diversa da 1 atm), la forza elettromotrice di un sistema ossidoriduttivo dovrà necessariamente essere determinata con l'ausilio dell'equazione di Nernst:

$$E_{Ox/Red} = E°_{Ox/Red} + 2{,}302 \cdot (R \cdot T / z \cdot F) \cdot \log_{10}[Ox]/[Red]$$

in cui

$E°_{Ox/Red}$ è uguale alla fem in condizioni normali o standard;
R è la costante dei gas e vale 8,31 J·mol^{-1}·K^{-1};
T rappresenta la temperatura espressa in gradi Kelvin;
z rappresenta la valenza;
F rappresenta il Faraday, pari a 96487 C·mol^{-1};
[Ox]/[Red] indicano rispettivamente la concentrazione della specie ossidata e la concentrazione della specie che si riduce.

Fissando il valore della temperatua T a 25°C, corrispondente a 298,15 K, l'equazione di Nernst si semplifica come segue:

$$E_{Ox/Red} = E°_{Ox/Red} + 0{,}059 / z \cdot \log_{10}[Ox]/[Red]$$

Consideriamo di analizzare la seguente cella elettrochimica:

$$Sn \mid Sn^{2+} (1{,}0M) \parallel Pb^{2+} (0{,}001M) \mid Pb$$

Dai valori tabulati dei potenziali standard di riduzione si ricavano i seguenti valori:

$$Sn^{2+}(aq) + 2e^- = Sn(s) \Rightarrow E° = -0,14V$$
$$Pb^{2+}(aq) + 2e^- = Pb(s) \Rightarrow E° = -0,13V$$

Poichè la semicella contenente l'elettrodo di stagno ha una concentrazione 1M, la fem all'elettrodo Sn sarà pari al corrispondente potenziale standard di riduzione E° = -0,14V mentre per la semicella contenente l'elettrodo di piombo si dovrà applicare l'equazione di Nernst:

$$E_{Pb^{2+}/Pb} = E°_{Pb^{2+}/Pb} + 0,059/2 \cdot \log_{10}(0,001) = -0,13 + 0,059/2 \cdot \log_{10}(0,001) = -0,218V$$

La fem che si manifesta all'elettrodo di piombo, a 25°C e con una concentrazione di ioni Pb^{2+} in soluzione pari a 0,001M sarà di -0,218V che corrisponde al potenziale di ossidazione.

Confrontando quindi i valori dei potenziali di elettrodo è possibile notare che la cella galvanica così composta avrà come anodo l'elettrodo di piombo, che essendo caratterizzato dal potenziale più basso si ossida e come catodo l'elettrodo di stagno; il sistema elettrochimico globale sarà pari alla somma delle due semireazioni viste in precedenza:

$$Pb + Sn^{2+} = Pb^{2+} + Sn$$

La fem della pila di cui sopra, in condizioni non standard, sarà pertanto pari pari a:

$$E_{TOT} = -0,14 - (-0,218) = -0.14 + 0.218 = 0,078V$$

CAPITOLO 2

CARATTERISTICHE TECNICHE DEI GENERATORI ELETTROCHIMICI

I generatori elettrochimici trasformano l'energia chimica di una determinata reazione di ossidoriduzione in energia elettrica.

Essi si suddividono in:

- ☑ Elementi primari (detti comunemente pile)
- ☑ Elementi secondari (detti comunemente accumulatori)

Le pile generano elettricità spontaneamente per mezzo delle reazioni chimiche che avvengono agli elettrodi e, una volta consumate le sostanze attive adoperate per la fabbricazione, il generatore si esaurisce e non è più utilizzabile (a meno che non vengano materialmente sostituite e rinnovate le sostanze attive).

Gli accumulatori, analogamente alle pile, generano spontaneamente elettricità per mezzo delle reazioni di ossidoriduzione che avvengono agli elettrodi (processo di scarica) ma sono anche in grado di funzionare da utilizzatori elettrochimici; fornendo infatti energia al sistema le sostanze attive si rinnovano, ricostituendo le condizioni di partenza (processo di carica).

Verranno di seguito descritte le principali caratteristiche tecniche dei generatori elettrochimici.

Tensione nominale

La tensione nominale (o potenziale di cella) di un accumulatore, espressa in Volt, è il valore della differenza di potenziale che si instaura nel sistema elettrochimico.

A scopo informativo si riportano di seguito i valori della tensione nominale degli accumulatori di uso comune alla temperatura di 25°C:

- ☑ Accumulatori al piombo acido: 2,1 V/elemento
- ☑ Accumulatori al nichel: 1,2 V/elemento
- ☑ Accumulatori al litio: 3,2-3,7 V/elemento

La tensione nominale di un accumulatore è pari alla somma delle tensioni nominali dei singoli elementi che costituiscono il pacco batteria.

Il termine batteria (o "pacco batteria") indica un sistema elettrochimico costituito dall'interconnessione di più generatori elettrochimici (pile o accumulatori), aventi lo scopo di ottenere i parametri operativi nominali:

- ☑ Collegando in serie più pile (o accumulatori) la tensione ai capi della batteria è data dalla somma delle tensioni dei singoli elementi
- ☑ Collegando in parallelo più pile (o accumulatori) la capacità della batteria è data dalla somma delle capacità dei singoli elementi

Durante il normale funzionamento la tensione dell'accumulatore non rimane costante ma subisce delle fluttuazioni indotte dovute al processo di carica/scarica; per proteggere gli accumulatori sono stati fissati due valori di tensione limite entro cui devono essere contenute le fluttuazioni. Durante il processo di carica il valore massimo della tensione, erogabile all'accumulatore, corrisponde con la tensione di carica, mentre il valore minimo di tensione durante il processo di scarica è dato dalla tensione finale di scarica.

Tensione di carica

La tensione di carica rappresenta il valore, espresso in Volt, da fornire all'accumulatore al fine di innescare il processo di ricombinazione delle cariche elettriche. E' importante conoscere, per ciascun accumulatore, le diverse modalità di carica indicate dal costruttore, per esempio per le batterie al piombo e al litio è necessaria una tensione di carica costante mentre le batterie al nichel richiedono una corrente costante; tutte, però, sono sensibili a determinati valori di tensione, superati i quali si verifica la decomposizione dell'acqua per elettrolisi e la produzione di idrogeno gassoso nelle batterie al piombo e il danneggiamento, con rischio di esplosione, nelle batterie al litio.

A scopo informativo si riportano di seguito i valori limite della tensione di carica, applicata ad accumulatori di uso comune aventi una temperatura di 25°C:

- ☑ Accumulatori al piombo acido: 2,40 V/elemento
- ☑ Accumulatori al nichel: 1,60 V/elemento
- ☑ Accumulatori al litio: 4,20 V/elemento

La tensione di carica è strettamente legata alla temperatura dell'accumulatore e pertanto dovrà essere prevista una compensazione opportuna per valori che si discostano dai 25°C; per accumulatori al piombo aventi temperatura di 15°C, ad esempio, il valore limite di tensione di carica diventa 2,445V/elemento e si attesta al valore di 2,335V/elemento per accumulatori al piombo con temperatura di 35°C.

Tensione finale di scarica

La tensione finale di scarica è il valore, indicato dal costruttore ed espresso in Volt, che determina un accumulatore scarico; per evitare di ridurre la vita di una batteria, si raccomanda di non scaricarla oltre le tensioni minime indicate.

Nel caso di una batteria da 12V con capacità C pari a 7,2Ah la corrente di scarica a 0,05C ed a 2C viene espressa con la formula:

$$0,05 \; C = 0,05 \times 7,2 = 0,36 \; A$$

$$2\,C = 2 \times 7{,}2 = 14{,}4\,A$$

A causa della resistenza interna della batteria la tensione scende più rapidamente con correnti di scarica più alte (Tab. 2.1)

Corrente di scarica	Tensione di fine scarica
Fino a 0,2 C	1,75 V/cella
0,2 C - 0,5 C	1,70 V/cella
0,5 C - 1,0 C	1,60 V/cella
1,0 C - 2,0 C	1,50 V/cella
2,0 C - 3,0 C	1,35 V/cella
Sopra 3,0 C	1,00 V/cella

Tabella 2.1 - Corrente di scarica e tensione di fine scarica

Si noti che con correnti di scarica relativamente alte, o a basse temperature, la capacità del sistema di accumulo diminuisce.

Resistenza interna

La resistenza interna (espressa in Ω) è una caratteristica intrinseca di ciascun accumulatore ed ha lo scopo di determinare numericamente l'intensità dei fenomeni dissipativi elettrici che avvengono all'interno del generatore.

La resistenza interna di un accumulatore non rimane costante durante il normale funzionamento ma subisce delle fluttuazioni indotte dovute alla temperatura e/o al processo di carica/scarica; a batteria completamente scarica per esempio, la resistenza è circa 2,5 volte maggiore del valore a piena carica. Con l'invecchiamento dell'accumulatore aumenta il valore della resistenza interna e, di conseguenza, la caduta di tensione ai capi della batteria.

Il valore della resistenza interna determina l'intensità della corrente di scarica: più bassa è la resistenza e maggiore sarà la corrente di scarica; nelle batterie di avviamento per esempio, caratterizzate da elevate correnti di scarica, la resistenza interna è dell'ordine di 0,002 Ω per cella.

Un fenomeno curioso che interessa per lo più gli accumulatori al piombo è il cosiddetto colpo di frusta, ovvero un momentaneo innalzamento della resistenza interna, durante le prime fasi del processo di scarica, con conseguente caduta di tensione ai capi della batteria. Tale processo è dovuto al fatto che l'elettrodo attivo, reagendo con l'elettrolita saturo di ioni Pb^{2+}, crea uno strato passivo che aumenta la resistenza interna della batteria e di conseguenza la caduta di tensione; aumentando la corrente di scarica, a valori sufficientemente elevati, tale strato viene disgregato e la tensione ripristinata.

Il valore della resistenza interna di un accumulatore, solitamente, è un dato fornito dal costruttore ma può comunque essere calcolato conoscendo il valore del rendimento di cella.

Supponiamo di avere un accumulatore avente una tensione nominale V_n che eroga, su di un carico, una corrente nominale di scarica I_n e quindi una potenza nominale pari a:

$$P_n = V_n \cdot I_n$$

La potenza dissipata in calore, per effetto Joule, sarà pari a:

$$P_J = R_i \cdot I_n^2$$

La potenza assorbita dal carico sarà:

$$P_a = P_n - P_J$$

Il rendimento dell'accumulatore vale:

$$\eta = (P_a / P_n) \cdot 100$$

Facendo tutte le opportune sostituzioni e semplificazioni si ottiene il valore della resistenza interna R_i in funzione del rendimento η dell'accumulatore:

$$R_i = V_n \cdot [\,(1 - \eta / 100) / I_n\,]$$

Un metodo utile, in fase di prima approssimazione, per la determinazione della resistenza interna R_i di un accumulatore consiste nell'identificare un fattore k, costante per tutti gli accumulatori aventi la medesima tecnologia di costruzione, in grado di tener conto delle problematiche produttive comuni agli accumulatori della stessa specie; identificato tale valore sarà sufficiente rapportarlo all'indice C_{10} per individuare il valore della resistenza interna dell'accumulatore preso in esame. In letteratura k = 0,2 ÷ 0,4 a seconda della tipologia costruttiva dell'accumulatore, pertanto R_i sarà pari a:

$$R_i = k / C_{10}$$

Corrente di corto circuito

Lo studio delle correnti di cortocircuito è fondamentale per il corretto dimensionamento delle protezioni esterne connesse al sistema di accumulo, un'errata valutazione infatti potrebbe comportare una scelta inadeguata dei dispositivi di protezione.

L'andamento della corrente di cortocircuito erogata da un accumulatore stazionario al piombo è rappresentato nella figura 2.1.

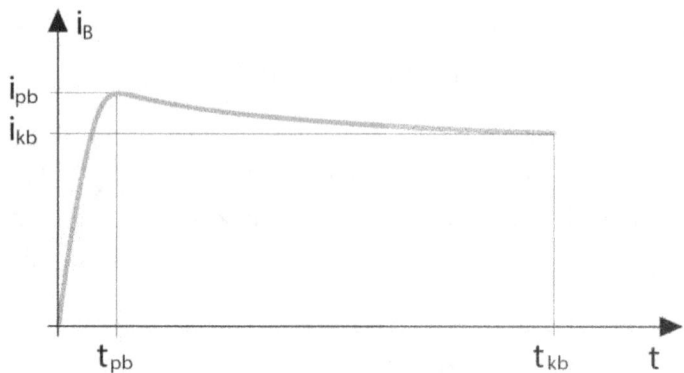

Figura 2.1 - Andamento della corrente di cortocircuito in una batteria stazionaria al piombo

La corrente di corto circuito raggiunge, in un tempo pari a t_{pb}, il valore di cresta i_{pb}, decrescendo poi sensibilmente fino al valore della corrente di cortocircuito in regime quasi stazionario I_{kb}, in un tempo pari a t_{kb}.
La corrente di corto circuito di cresta i_{pb} è pari a:

$$i_{pb} = V_n / (0{,}9 \cdot R_{TOT})$$

La corrente di cortocircuito in regime quasi stazionario è pari a:

$$i_{kb} = (0{,}95 \cdot V_n) / R_{TOT}$$

In cui:

R_{TOT} è la resistenza totale, pari alla somma delle resistenze interne dei singoli accumulatori che costituiscono il pacco batteria più il valore della resistenza del conduttore che collega il sistema di accumulo.

Supponiamo ora di volere calcolare la corrente di corto circuito di una batteria stazionaria al piombo avente le seguenti caratteristiche:

- ☑ tensione nominale $V_n = 48V$
- ☑ capacità della batteria $Q_n = 100$ Ah
- ☑ numero di accumulatori N_a in serie = 24 (2 V per ciascun accumulatore)
- ☑ resistenza interna R_i del singolo accumulatore = 0.5 mΩ

La resistenza totale R_{TOT}, trascurando in favore di sicurezza il contributo dovuto ad un eventuale conduttore di derivazione, sarà pari a:

$$R_{TOT} = N_a \cdot R_i = 24 \cdot 0,5 \cdot 10^{-3} = 0,012 \; \Omega$$

Pertanto, il valore della corrente di corto circuito di cresta i_{pb} sarà pari a:

$$i_{pb} = 48 / (0,9 \cdot 0,012) = 4,45 \text{ kA}$$

La corrente di cortocircuito in regime quasi stazionario sarà invece pari a:

$$i_{kb} = (0,95 \cdot 48) / 0,012 = 3,8 \text{ kA}$$

Capacità

La capacità di un accumulatore (normalmente espressa in Ah e definita ad una temperatura ambiente di 25°C) è pari al prodotto tra la corrente di scarica (espressa in A) e il tempo (espresso in h) necessario al raggiungimento della tensione finale di scarica, in altri termini indica la quantità di carica elettrica che una cella elettrochimica è in grado di erogare prima di scaricarsi.

La capacità nominale Q, definita per uniformare i criteri di scelta di un accumulatore, viene convenzionalmente indicata alla scarica in un determinato intervallo di tempo h espresso in ore ed è riferita ad una corrente di scarica costante. Definendo un indice C come l'intensità di corrente media nel regime di scarica di un'ora, un accumulatore con capacità nominale Q pari a 100Ah e indice C_{10} può erogare per 10 ore, assumendo una temperatura costante di 25°C (temperatura riferita all'accumulatore), una corrente nominale di scarica di 10A; analogamente, il medesimo accumulatore con indice C_{20} può erogare per 20 ore una corrente di scarica di 5A.

Il valore della capacità di un accumulatore non rimane costante durante il regolare esercizio ma è influenzato da diversi fattori tra cui, i principali, la temperatura e l'intensità della corrente di scarica; con l'incremento della temperatura aumenta la capacità e viceversa mentre con l'aumentare della corrente di scarica diminuisce sensibilmente il valore della capacità e viceversa.

Per ottenere la capacità Q_{Wh} espressa in Wh occorre moltiplicare il valore della capacità Q_{Ah} espressa in Ah per la tensione nominale V_n del sistema di accumulo. Ipotizzando di volere esprimere in Wh il valore della capacità dell'accumulatore precedentemente menzionato, alla tensione nominale di 12 V, si ottiene:

$$Q_{Wh} = Q_{Ah} \cdot V_n$$

ovvero:

$$Q_{Wh} = 100 \ [Ah] \cdot 12 \ [V] = 1200 \ Wh$$

Rendimento

Un accumulatore elettrochimico è caratterizzato da un *rendimento amperometrico* dato dal rapporto tra la quantità di carica elettrica ottenibile con il processo di scarica e la quantità assorbita durante il processo di carica; un *rendimento voltmetrico,* dato dal rapporto tra il valore della tensione media durante il processo di scarica e il valore della tensione media durante il processo di carica dell'accumulatore; un *rendimento energetico,* dato dal rapporto tra il valore dell'energia elettrica ottenibile durante il processo di scarica e il valore dell'energia elettrica consumata durante il processo di carica.

Ciascun rendimento, a causa di reazioni parassite durante il processo di carica, è caratterizzato da un valore non costante e inferiore all'unità che tende ad aumentare con l'incremento della temperatura, a causa della riduzione della resistenza interna dell'accumulatore e a dimuire all'aumentare della corrente di scarica, a causa dell'aumento delle perdite ohmiche; tutte le misurazioni dovranno pertanto essere effettuate in determinate condizioni di temperatura, densità dell'elettrolito e corrente di scarica.

Energia specifica e potenza specifica, densità di energia e densità di potenza

Con lo scopo di confrontare sistemi di accumulo di tipo diverso, sono stati introdotti alcuni parametri caratteristici, quali l'energia specifica e la potenza specifica, riferiti al peso del sistema ed espressi rispettivamente in Wh/kg e W/kg e la densità di energia e densità di potenza, riferiti al volume del sistema ed espressi in Wh/l e W/l.

L'energia specifica tipica degli accumulatori al piombo a vaso aperto di tipo VLA (Vented Lead Acid) oscilla tra 15 e 25 Wh/kg, con una potenza specifica pari a 20-40 W/kg; la densità di energia è pari a 30-50 Wh/l, con una densità di potenza pari a 40-80 W/l.

Negli accumulatori al piombo ermetici di tipo VRLA (Valve Regulated Lead Acid) i valori di energia specifica sono compresi tra 20 e 45 Wh/kg, con picchi di potenza specifica fino a 150 W/kg; la densità di energia è pari a 40-90 Wh/l, con una densità di potenza pari a 120-300 W/l.

Il diagramma di Ragone, riportato di seguito, mette in relazione l'energia specifica con la potenza specifica delle principali tecnologie di accumulo.

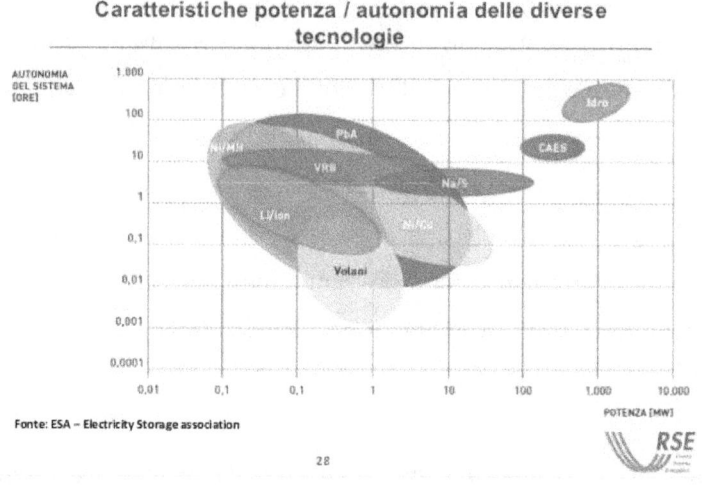

Figura 2.2 - Diagramma di Ragone

Massima profondità di scarica (DoD)

La massima profondità di scarica o DoD (*Depth of Discharge*) rappresenta la quantità di energia utile che è possibile prelevare da un sistema di accumulo; è espressa in % della capacità e risulta pari a:

$$DoD + SoC = 100\%$$

Il DoD sarà pertanto:

$$DoD = 1 - SoC$$

in cui SoC rappresenta lo stato di carica, ovvero la percentuale di carica residua della batteria.

Ad esempio, per accumulatori al piombo a vaso aperto di tipo VLA, specificatamente realizzati per applicazioni stazionarie è possibile raggiungere valori di DoD pari a 0,8 (80%) anche se, tanto minore è la profondità di scarica e tanto maggiore sarà la durata della batteria; in tali casi un ottimo compromesso si ottiene con un DoD pari a 0,6 (60%). Diversamente, per batterie destinate all'autotrazione il DoD non deve mai superare il 50%.

La scarica completa di un accumulatore e/o il superamento continuo del valore DoD caratteristico, comporta l'irreversibile deterioramento del materiale attivo contenuto all'interno dell'elemento.

Stato di carica SoC e stato di salute SoH

Come detto in precedenza l'acronimo SoC rappresenta lo stato di carica (*State of Charge*), ovvero la percentuale di carica residua dell'accumulatore; tale parametro è fondamentale per definire il sistema più opportuno di regolazione della carica, al fine di sfruttare appieno la capacità della batteria; può essere definito come il rapporto tra la capacità residua, espressa in Ah e la capacità nominale.

I metodi utilizzati comunemente per stimare il valore di SoC si basano sulla misurazione diretta di alcuni parametri strettamente correlati con lo stato di carica dell'accumulatore; a seconda della tipologia costruttiva dell'accumulatore si ricorre alle seguenti misurazioni:

- ☑ Densità dell'elettrolito;
- ☑ Tensione a vuoto;
- ☑ Resistenza interna.

Negli accumulatori con elettrolito liquido la misura della densità fornisce un dato verosimilmente proporzionale allo stato di carica, anche se strettamente correlato al regime di scarica e alla temperatura.

A parità di energia prelevata, più intenso è il regime di scarica e maggiore sarà il valore della densità finale; ciò può comportare degli errori per difetto nella misurazione. Sarà utile pertanto individuare sistematicamente un ipotetico profilo di scarica da comparare nelle successive misurazioni; in alternativa, occorrerà installare degli amperometri per il rilevamento della corrente di carica e scarica e, se necessario, applicare gli opportuni coefficienti compensativi forniti dai costruttori.

La densità nominale dell'elettrolito, indicata dal costruttore, si riferisce solitamente a 20°C, con elettrolito al livello nominale e in stato di carica completa. Qualora fosse necessario effettuare un rabbocco, prima della misura, sarebbe opportuno sottoporre il sistema di accumulo ad un breve processo di carica (carica di equalizzazione) con successivo riposo di almeno due ore, al fine di consentire un adeguato mescolamento dell'elettrolito; in caso contrario si otterrebbero dei dati falsati per difetto.

Si evidenzia inoltre che le temperature elevate riducono la densità dell'elettrolito, mentre le basse temperature l'aumentano con un fattore di correzione, per le batterie stazionarie al piombo a vaso aperto di tipo VLA, dell'ordine di 0,0007 kg/l per ogni °C.

Ad esempio, una densità pari a 1,23 kg/l a 35°C corrisponde ad una densità di 1,24 kg/l a 20°C; una densità pari a 1,25 kg/l a 5°C corrisponde ad una densità di 1,24 kg/l a 20°C.

Rilevato il valore di densità, eventualmente corretto in temperatura e regime di scarica, sarà possibile ottenere il valore di SoC mediante le tabelle fornite dal costruttore a corredo dell'accumulatore.

Tuttavia, nonostante le limitazioni evidenziate, la misura della densità rappresenta il metodo più affidabile e maggiormente utilizzato per stimare lo stato di carica di un accumulatore ad elettrolito liquido.

La misura della tensione a vuoto trova largo impiego negli accumulatori in cui la densità non può essere agevolmente misurata e/o come valutazione aggiuntiva di massima per la verifica dello stato di carica; la semplicità di rilevamento ha favorito lo sviluppo di tale metodologia, sebbene fornisca una stima approssimativa e mai sufficientemente precisa a causa degli effetti dell'invecchiamento e della stratificazione.

Per una batteria al piombo da 12V di tipo VRLA, lo stato di carica si può valutare approssimativamente in base ai valori riportati di seguito:

- ☑ Tensione a vuoto minore di 12,30V = SoC <50%
- ☑ Tensione a vuoto tra 12,30V e 12,45V = SoC 50%
- ☑ Tensione a vuoto tra 12,46V e 12,65V = SoC 75%
- ☑ Tensione a vuoto maggiore di 12,65V = SoC 100%

La tensione a vuoto è legata alla densità dell'elettrolito secondo la relazione:

$$V_0 = \text{densità elettrolito} + 0{,}84$$

in cui V_0 rappresenta la tensione a vuoto e la densità dell'elettrolito è espressa in kg/l.

La resistenza interna, come appurato al paragrafo specifico, è strettamente correlata allo stato di carica di un accumulatore; il rilevamento di tale parametro non fornisce però dati attendibili a causa degli effetti dovuti all'invecchiamento e alla stratificazione, inoltre richiede l'uso di strumentazione di misura specifica e costosa.

È intuibile in conclusione, che la stima del SoC non fornisce precise indicazioni circa lo stato di carica reale dell'accumulatore, lasciando un imprecisato margine di insicurezza che si ripercuote inevitabilmente sulla gestione della carica e di conseguenza sulla durata di vita della batteria.

Lo stato di salute SoH (*State of Healt*), definito ad accumulatore carico, è il rapporto tra la capacità residua, espressa in Ah e la capacità nominale; indica in buona sostanza la vita utile residua, ovvero il numero di cicli che una batteria è ancora in grado di fornire prima di ridurre la propria capacità nominale dell'80%.

Ciascun accumulatore possiede una vita utile caratterizzata da un determinato numero di cicli di carica e scarica, indicato dal costruttore ed in funzione del regime di scarica adottato, dalle sollecitazioni termiche e dallo stato di conservazione ed uso generali.

Ipotizzando di utilizzare un accumulatore secondo le condizioni nominali, lo stato di salute SoH può essere calcolato sottraendo alla vita utile, fornita dal costruttore, il numero di cicli effettuati.

Autoscarica

Il fenomeno dell'autoscarica indica un processo di perdita di carica a circuito aperto, causato da reazioni elettrochimiche parassite, accentuato dalle alte temperature e dalle correnti di fuga causate dalla sporcizia depositata agli elettrodi terminali. Le batterie stazionarie comunemente utilizzate negli impianti fissi hanno un'autoscarica di circa il 2-3% al mese.

Come vedremo nei capitoli successivi, in una batteria scarica aumenta il punto di congelamento dell'elettrolito e, di conseguenza, il rischio di rottura del contenitore; è pertanto opportuno immagazzinare gli accumulatori completamente carichi e procedere ogni 6 mesi con una carica di rinfresco.

Effetto memoria

L'effetto memoria, caratteristico degli accumulatori Ni-Cd al Nichel-Cadmio, si manifesta in occasione di cicli di carica e scarica incompleti; la materia attiva inutilizzata, combinandosi con i reagenti presenti all'interno della cella, subisce dei cambiamenti fisici che ne modificano la struttura interna, aumentandone la resistenza interna e, di conseguenza, riducendone la tensione. Questo fenomeno è comunque reversibile mediante un processo di carica e scarica completo.

CAPITOLO 3

ACCUMULATORI STAZIONARI

Gli accumulatori stazionari o ciclici sono particolari sistemi di stoccaggio energetico aventi caratteristiche adatte all'impiego nelle installazioni fisse, quali impianti di sicurezza ed emergenza, impianti elettrici in località non servite dalla rete elettrica nazionale, sistemi di telefonia e telecomunicazione, power station; per installazioni fisse si intendono tutte quelle realizzazioni previste per funzionare in ambienti statici.

I sistemi di accumulo maggiormente adoperati per impianti ad energia rinnovabile possono essere elencati, in ordine alla tecnologia di costruzione, come segue:

- ☑ Accumulatori al piombo (ad elettrolita acido);
- ☑ Accumulatori al litio (ad elettrolita organico);
- ☑ Accumulatori al nichel (ad elettrolita alcalino).

Accumulatori al piombo-acido

Gli accumulatori al piombo-acido (Pb-acido) sono caratterizzati da costi contenuti, elevate capacità e discrete densità energetiche; dal punto di vista operativo si contraddistinguono, rispetto ad altri tipi di accumulatori, per un fattore di autoscarica relativamente contenuto, una buona resistenza alle escursioni termiche e per le elevate correnti di scarica, caratteristiche peculiari necessarie in installazioni spesso poco accessibili per le ordinarie attività di manutenzione.

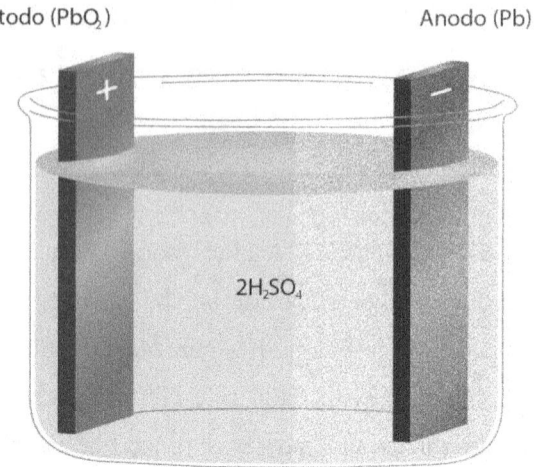

Figura 3.1 - Cella galvanica di un accumulatore al piombo-acido

La cella galvanica di un accumulatore al piombo-acido (fig. 3.1) è costituita da un contenitore al cui interno è presente l'elettrolita, una soluzione acquosa di acido solforico H_2SO_4, in cui sono immersi due elettrodi; l'elettrodo positivo è costituito da biossido di piombo (PbO_2) mentre l'elettrodo negativo è realizzato con piombo metallico (Pb).

Nelle celle galvaniche, come già detto al Capitolo 1, l'anodo rappresenta il polo negativo mentre il catodo è costituito dal polo positivo.

Collegando un generatore di corrente ai due elettrodi ha inizio il processo di carica; si innesca quindi un movimento ordinato di elettroni che, in virtù del lavoro indotto dal generatore, scorrono dal polo positivo verso il polo negativo.

Dal punto di vista elettrochimico, il processo di carica avviene secondo la seguente reazione:

$$2\ PbSO_4 + 2\ H_2O \rightarrow Pb + PbO_2 + 2\ H_2SO_4$$

mentre la di scarica avviene secondo la seguente reazione:

$$Pb + PbO_2 + 2\ H_2SO_4 \rightarrow 2\ PbSO_4 + 2\ H_2O$$

è interessante notare, ai fini del controllo dello stato di carica di un accumulatore, che il processo di scarica porta alla formazione di acqua che, in soluzione con l'acido solforico, diluisce l'elettrolita modificandone la densità.

Complessivamente la reazione può essere scritta, in maniera generale, come segue:

$$Pb + PbO_2 + 2\ H_2SO_4 \leftrightarrow 2\ PbSO_4 + 2\ H_2O$$

Leggendo la reazione generale da sinistra verso destra si ottiene il processo di scarica mentre da destra verso sinistra quello di carica.

Gli accumulatori al piombo-acido si dividono in diverse categorie a seconda della tecnologia usata per la costruzione delle piastre e del tipo di elettrolita usato; una prima classificazione, in funzione dell'elettrolita utilizzato, evidenzia due macrocategorie così distinte:

- ☑ accumulatori a vaso aperto o VLA (*Vented Lead Acid*);
- ☑ accumulatori a vaso chiuso o VRLA (*Valve Regulated Lead Acid*) o, più comunemente conosciuti come SLA (*Sealed Lead Acid*);

Il sistema VLA a vaso aperto è caratterizzato dalla possibilità per gli elementi prodotti dalle reazioni di ossidoriduzione (redox) di entrare in contatto con l'ambiente esterno; in questo caso l'energia in eccesso fornita al sistema di accumulo, durante il processo di carica, provoca l'elettrolisi dell'acqua, producendo idrogeno al polo negativo ed ossigeno al polo positivo, secondo la seguente reazione:

$$H_2O \rightarrow H_2 + 1/2\ O_2$$

Il fenomeno di cui sopra, detto di gassificazione, è da tenere sotto controllo in quanto tende ad autosostenersi con l'aumentare della temperatura e contribuisce a far evaporare l'acqua contenuta all'interno degli elementi, lasciando scoperte le piastre che a contatto con l'aria danno origine alla solfatazione, fenomeno caratteristico dovuto alla deposizione pressoché irreversibile di cristalli di solfato di piombo ($PbSO_4$) agli elettrodi che, compattandosi, riducono la superficie attiva disponibile per le reazioni elettrochimiche, deteriorando irrimediabilmente l'accumulatore.

Il fenomeno di gassificazione nei sistemi di accumulo a vaso aperto è, come vedremo più avanti, di estrema importanza durante le fasi progettuali e installative, in quanto impone un'attenta analisi preliminare delle caratteristiche strutturali, di ventilazione e degli impianti dei locali destinati a contenere detti accumulatori. Negli accumulatori a vaso aperto la gassificazione può essere limitata, a valori pressochè trascurabili, mediante l'uso di tappi ricombinatori.

Tra i principali svantaggi nell'utilizzo degli accumulatori al piombo si annovera sicuramente il peso, dovuto al materiale attivo adoperato per la costruzione delle celle, una durata di vita limitata al numero di cicli di scarica, la tossicità dell'elettrolita, costituito da acido solforico e, come detto in precedenza, la formazione di idrogeno, gas infiammabile prodotto dalla dissociazione elettrolitica. In caso di inutilizzo prolungato inoltre, tali accumulatori devono essere stoccati in stato di carica al fine di prevenire la solfatazione.

Il sistema VRLA, a vaso chiuso, è caratterizzato dalla possibilità per gli elementi prodotti dalle reazioni redox di ricombinarsi e rimanere confinati all'interno del contenitore ermetico; in realtà, anche se in quantità assolutamente trascurabili, vi è comunque una fuoriuscita di gas verso l'ambiente esterno.

I sistemi VRLA possono essere classificati anche in funzione della tecnologia di confinamento dell'elettrolita:

- ☑ accumulatori AGM (Absorbed Glass Material);
- ☑ accumulatori al gel.

Negli accumulatori AGM l'elettrolita è immobilizzato all'interno di una matrice microporosa in fibra di vetro mentre gli accumulatori al gel, come è semplice intuire, hanno il vantaggio di avere l'elettrolita disperso in un gel, solitamente a base di silice; tali peculiarità rendono gli accumulatori VRLA esenti da manutenzione e privi di fenomeni rilevanti di gassificazione. Tali accumulatori tra l'altro, avendo l'elettrolita immobilizzato, possono essere collocati praticamente in qualsiasi posizione.

La ricombinazione dei gas, negli accumulatori a vaso chiuso, avviene mediante il cosiddetto "ciclo di ricombinazione dell'ossigeno"; durante il processo di carica, a causa dell'elettrolisi dell'acqua, si sviluppa ossigeno nelle piastre positive secondo la seguente reazione:

$$H_2O \rightarrow \tfrac{1}{2}O_2 + 2H^+ + 2e^-$$

l'ossigeno si diffonde, attraverso il separatore, alle piastre negative e si ricombina con il piombo formando ossido di piombo:

$$Pb + \tfrac{1}{2}O_2 \rightarrow PbO$$

l'ossido di piombo delle piastre negative a contatto con l'acido solforico dell'elettrolita diventa solfato di piombo, formando nuovamente l'acqua dissociata nelle piastre positive:

$$PbO + H_2SO_4 \rightarrow PbSO_4 + H_2O$$

le piastre negative a questo punto si sono parzialmente scaricate con la formazione del solfato di piombo; continuando con il processo di carica si chiude il ciclo.

In linea teorica è possibile ottenere un ciclo ad anello chiuso ma, all'atto pratico, il processo di ricombinazione dell'ossigeno ha un rendimento inferiore all'unità (pari a circa il 98%).

In relazione alla tipologia costruttiva delle piastre gli accumulatori al piombo si suddividono anche in:

- ☑ accumulatori a piastre piane;
- ☑ accumulatori a piastre tubolari.

CAPITOLO 4

PROGETTAZIONE E INSTALLAZIONE DEGLI ACCUMULATORI

Sulla base di quanto indicato dal CEI e recepito nella deliberazione dell'Autorità per l'Energia Elettrica, il Gas e il Sistema Idrico n. 574/2014/R/EEL, come modificata dalla delibera AEEGSI n. 642/2014/R/eel del 18 dicembre 2014, i sistemi di accumulo stazionari si suddividono:

- ☑ in relazione alle modalità di alimentazione:
  - sistemi di accumulo attivi, in grado di prelevare energia elettrica dalla rete pubblica, accumularla e successivamente immetterla;
  - sistemi di accumulo "semplici" o passivi, utilizzati esclusivamente per conferire maggiore flessibilità al sistema e considerati parte integrante dell'impianto di produzione di energia elettrica.
- ☑ in relazione alle modalità di installazione:
  - sistemi di accumulo posizionati tra l'impianto di produzione e il misuratore dell'energia elettrica prodotta (di seguito "sistemi di accumulo lato produzione");
  - sistemi di accumulo posizionati tra il misuratore dell'energia elettrica prodotta e il misuratore dell'energia elettrica scambiata con la rete pubblica (di seguito "sistemi di accumulo post produzione").

Calcolo della capacità del sistema di accumulo

La capacità della batteria di accumulo Q_b viene calcolata in modo da garantire un certo periodo di giorni di autonomia N_{ga} (periodo in cui l'accumulo fornisce energia al carico senza alcun apporto energetico esterno):

$$Q_b = (E_c \cdot N_{ga}) / (\eta_b \cdot DOD)$$

in cui:

η_b = rendimento di carica e scarica della batteria (in genere è circa l'80%);

E_c = valore massimo dell'energia giornaliera media mensile richiesta dal carico;

DOD = Dept Of Discharge, massima profondità di scarica della batteria, affinché questa non subisca danneggiamenti (in genere è pari al 40-80%);

È importante notare che la vita media di una batteria è inversamente proporzionale al DOD.

Calcolo della temperatura di congelamento dell'elettrolita

Il calcolo dell'abbassamento crioscopico, della soluzione contenuta negli accumulatori elettrochimici, ha lo scopo di determinare in maniera univoca il valore minimo di temperatura a cui possono essere esposti gli accumulatori.

Nelle soluzioni elettrochimiche, l'abbassamento crioscopico ΔTC è dato dal prodotto della costante K_c tipica del solvente (costante crioscopica) per la molalità (m) della soluzione, per il coefficiente di Van't Hoff (i):

$$\Delta_{TC} = K_c \cdot m \cdot i$$

L'elettrolita degli accumulatori a vaso aperto è costituito solitamente da acido solforico diluito al 28% p/p circa e acqua distillata.

Il coefficiente di Van't Hoff per l'acido solforico è pari a 3; La costante crioscopica K_c del solvente (acqua) è pari a 1,86; La molalità rappresenta la concentrazione espressa come numero di moli di soluto per kilogrammo di solvente. La massa molecolare MM della sostanza H_2SO_4 (acido solforico) è pari a 98,08 g/mol.

La soluzione elettrolitica degli accumulatori ha una densità, a piena carica, pari a 1,23 g/ml a 20°C; considerando l'evento più sfavorevole, in cui la batteria è scarica, la densità può essere posta cautelativamente pari a 1,15 g/ml e pertanto 100 ml di soluzione al 28% H_2SO_4 pesano 115 g e sono così miscelati:

Grammi di H_2SO_4 = 115 · 0,28 = 32,2 g
Grammi di H_2O = 115 - 32,2 = 82,8 g
Molalità = (32,2 · 1000) / (98,08 · 82,8) = 3,96 m

Applicando la formula dell'abbassamento crioscopico si ottiene una temperatura di congelamento della soluzione pari a circa -22°C; applicando infine un fattore di sicurezza k a denominatore, pari ad 1,5 si ottiene il valore corretto in sicurezza, pari a circa -14°C.

Occorre precisare che, i calcoli di cui sopra, fanno riferimento ad un livello ordinario e regolare di manutenzione degli accumulatori; diminuendo infatti la densità e/o il livello dell'elettrolita, a causa di una scarsa o assente manutenzione, aumenta la temperatura di congelamento e di conseguenza il rischio di lacerazione dell'involucro di protezione a causa dell'aumento del volume del liquido contenuto negli elementi.

Caratteristiche dei locali accumulatori

Nel caso di accumulatori al gel non sono richiesti particolari accorgimenti per la scelta e/o la ventilazione dei locali in quanto non vi sono emissioni di gas.

I locali destinati ad ospitare batterie a vaso aperto non devono, usualmente, essere soggetti a polvere o vibrazioni o essere adibiti ad altro uso; l'altezza interna dovrà essere superiore ai 2 m. E' consigliabile per le pareti l'intonaco di cemento con verniciatura antiacida.

L'ubicazione degli accumulatori dovrà essere prevista in relazione al peso proprio degli elementi e il pavimento dovrà essere rivestito con materiale antiacido; molto adatto è il rivestimento in asfalto.

Nel locale accumulatori dovrà essere evitata, per quanto possibile, l'installazione di tubi metallici; quelli eventualmente presenti dovranno essere rivestiti con vernici antiacido.

I locali dovranno essere ben aerati ad asciutti ed in essi non si dovranno verificare temperature superiori a 40 °C o inferiori a 5 °C.

Se è richiesto il riscaldamento esso dovrà essere effettuato mediante corpi riscaldanti i quali potranno raggiungere una temperatura massima di 200 °C (sono da escludere le fiamme libere o elementi incandescenti).

Le porte di accesso al locale si dovranno aprire verso l'esterno e dovranno essere munite di serratura.

Il locale potrà avere passaggi diretti a locali contigui, purché provvisti di porte che devono essere doppie nel caso di batterie senza coperchio.

Sulla porta d'accesso del locale (da tenere chiusa a chiave) deve essere esposto un avviso indicante il divieto d'ingresso per le persone non autorizzate.

Devono anche essere messi avvisi ben visibili che vietino tassativamente di entrare nei locali con lampade a fiamma libera, di fumare e di usare saldatori, anche elettrici.

In occasione di lavori che richiedano l'uso di fiamme libere, si devono dare speciali istruzioni perché i lavori stessi vengano eseguiti con le adatte cautele.

Gli addetti agli accumulatori devono essere avvertiti dei pericoli derivanti dall'acido solforico e dai composti di piombo.

Ventilazione dei locali accumulatori

Durante la carica degli accumulatori a vaso aperto e, benché in misura molto minore, anche durante la scarica ed a circuito aperto, a causa dell'elettrolisi dell'acqua, si sviluppano gas in parte costituiti da idrogeno. L'idrogeno è un gas che a contatto con l'ossigeno dell'aria, entro le concentrazioni comprese tra i limiti 4 e 75% circa, forma una miscela infiammabile.

Occorre quindi che, per ricambio naturale o mediante ventilazione, la percentuale di idrogeno nell'aria venga mantenuta sotto il limite di infiammabilità (e di esplosione) con un adeguato margine di sicurezza. A tal fine è necessario assicurare le seguenti condizioni:

- ☑ l'aerazione deve essere sufficiente a diluire l'idrogeno al di sotto del 30% del limite inferiore di infiammabilità;
- ☑ l'aerazione deve essere uniforme e quindi interessare tutti i punti dell'ambiente.

La quantità di aria necessaria ad assicurare una diluizione dell'idrogeno sotto il limite minimo indicato è determinata con la seguente relazione valida per temperature ambiente inferiore a 40 °C:

$$Q = 0{,}05 \cdot I_{gas} \cdot n \cdot C_{rt} \cdot 10^{-3}$$

In cui:

Q è la portata d'aria, espressa in m^3/h;

I_{gas} è la corrente che produce gas, espressa in mA/Ah;

n è il numero di elementi in serie;

C_{rt} è la capacità C_{10} per elementi al piombo in Ah;

Facendo un esempio numerico, fissando ipoteticamente una Igas nelle condizioni di carica rapida (condizioni peggiori) pari a 20mA/Ah, un numero di elementi n pari a 12 (12 elementi da 2 V posti in serie) ed una capacità individuata C_{rt} pari a 1840 Ah, si ottiene:

$$Q = 0,05 \cdot 20 \cdot 12 \cdot 1840 \cdot 10^{-3} = 22,08 \ m^3/h$$

Le aperture di ventilazione dovranno dunque avere la seguente superficie minima (al netto di eventuali griglie di protezione):

$$A = 28 \cdot Q$$

Sostituendo:

$$A = 28 \cdot 22,08 = 618,24 \ cm^2 \text{ pari a circa } 0,062 \ m^2$$

Considerando la presenza di una eventuale griglia di protezione che occluda il 50% della superficie, la ventilazione dovrà essere verificata e/o realizzata attraverso almeno due aperture delle dimensioni di 0,3 x 0,3 m, poste possibilmente su pareti contrapposte o distanziate verticalmente di 2 m.

La dislocazione di una delle aperture di aerazione dovrà essere nella parte più alta del locale al fine di evitare la formazione di sacche di gas.

Le norme EN 50272 e la guida CEI 31-35 prescrivono inoltre una distanza d (fig. 4.1), circostante ad una batteria a vaso aperto, che definisce una zona con pericolo di esplosione:

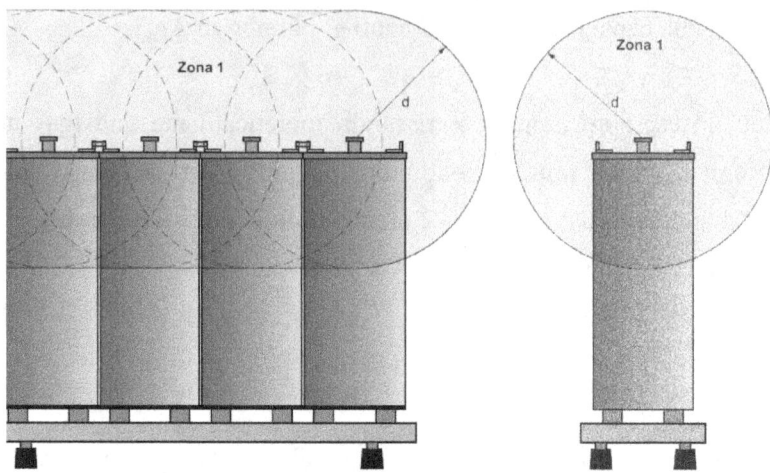

Figura 4.1 – Zona con pericolo di esplosione

$$d = 28,8 \cdot \sqrt[3]{I_{gas}} \cdot \sqrt[3]{C_{rt}}$$

Sostituendo si ottiene un valore di 958 mm.

Per cui, entro il raggio di un metro dalle batterie non dovrà essere presente, neppure momentaneamente, alcuna fonte di innesco, né tantomeno dispositivi elettrici.

CAPITOLO 5

PRINCIPALI CAUSE DI GUASTO DEGLI ACCUMULATORI

Le principali cause che determinano il cattivo funzionamento di un accumulatore possono essere così riassunte:
1. Corto circuito delle celle
2. Interruzione meccanica delle celle
3. Inversione di polarità
4. Solfatazione
5. Rottura meccanica
6. Perdita di efficienza delle prestazioni

Corto circuito delle celle
Il corto circuito delle celle che si manifesta attraverso il contatto diretto di due piastre di segno opposto, può essere latente o netto.
Il corto circuito si individua misurando la tensione della batteria che risulta essere inferiore di 2 Volt rispetto al valore normale. Mettendo la batteria sotto carica si individua con esattezza qual è l'elemento difettoso poiché questo non "bolle" come gli altri elementi.

Interruzione meccanica delle celle
L'interruzione che deriva da una imperfetta esecuzione dell'operazione di saldatura effettuata in sede di fabbricazione (poli, piastre, elementi) oppure dopo lunghi periodi di corto circuito, si può individuare attraverso la verifica della tensione la quale risulterà di valore zero.

Inversione di polarità

L'inversione di polarità quando non è rispettata la corrispondenza dei poli (+) e (-)

Solfatazione

La solfatazione deriva da lunga inattività della batteria scarica. Il fenomeno provoca l'indurimento delle piastre positive sulle quali si forma una patina isolante di solfato che impedisce lo scambio ionico fra le piastre. L'inconveniente si può rilevare misurando la tensione della batteria che avrà valori normali, spesso anche superiori, mentre la densità rimane a valori molto bassi e allo stesso valore per tutti gli elementi. Se il fenomeno non ha inciso molto in profondità la batteria può essere recuperata mediante un adeguato trattamento elettrico con un particolare apparecchio chiamato desolfatatore a impulsi, altrimenti bisognerebbe intervenire in maniera meccanica sulle piastre.

Rottura meccanica

La rottura meccanica avviene accidentalmente per caduta della batteria o per urti che la stessa subisce in conseguenza di trasporti o movimentazioni.

Perdita di efficienza delle prestazioni

La perdita di efficienza è un difetto che generalmente si manifesta per la scarsa efficienza dell'impianto di carice della batteria del veicolo. Regolatore, alternatore, cinghia, ecc.).

GLOSSARIO

TERMINOLOGIA TECNICA

Abbassamento di tensione - Una caduta di tensione anomala, superiore ai valori previsti, riscontrata durante la scarica di una batteria.

Ampere ora (Ah) - Unità di misura della carica elettrica di un accumulatore, definita come capacità di scarica di una corrente di intensità pari ad 1A per la durata di 1h.

Anodo - Elettrodo nel quale avvengono le reazioni di ossidazione (escono elettroni). Durante la scarica l'anodo é l'elettrodo negativo, mentre diventa elettrodo positvo durante la carica.

Assorbimento - Ritenzione superficiale di gas o liquido in un materiale poroso.

Auto-scarica - La perdita di capacità utile di una batteria durante l'immagazzinamento dovuta a reazioni chimiche interne (azione locale).

Batteria o accumulatore - Una batteria é costituita da due o più elementi di pila o accumulatore collegati in serie per ottenere la tensione richiesta. Talvolta, per ottenere la capacità richiesta gli elementi della pila sono collegati in serie-parallelo.

Batteria primaria - Non può essere ricaricata; dicesi più comunemente: pila.

Batteria ricaricabile (o "secondaria") - Può essere ricaricata; dicesi più comunemente accumulatore o per le piccole batterie "pila ricaricabile".

Bobina - Uno schema a cella cilindrica, in cui si utilizza un elettrodo cilindrico interno, e un elettrodo esterno che funge da guaina all'interno dell'involucro della cella.

Caduta di tensione IR - Diminuzione di tensione dovuta alla sola componente resistiva (V=RI).

Capacità - Quantità di energia espressa in Ah, che può essere immagazzinata da un accumulatore, in specifiche condizioni di scarica.

Capacità nominale - Il numero di Ampère-ore che una batteria può fornire in condizioni specifiche (ad esempio: velocità di scarica, tensione finale, temperatura); di solito tale dato viene specificato dal costruttore della batteria.

Carica - Processo di conversione di energia elettrica in energia chimica. E' una operazione durante la quale l'accumulatore riceve ernergia elettrica da un generatore. Essa viene accumulata come energia chimica dalle materie attive agli elettrodi.

Carica di mantenimento - Una carica lenta, con bilanciamento delle perdite tramite azione locale e/o scarica periodica, effettuata per mantenere una cella o una batteria in una condizione di carica completa.

Carica di rabbocco - Una carica lenta, successiva alla carica principale, effettuata per ottenere la massima capacità.

Carica residua - Quantità di energia disponibile in seguito ad un processo di scarica.

Catodo - Elettrodo al quale avvengono le reazioni di riduzione (entrano elettroni). Durante la carica, in una batteria ricaricabile, l'elettrodo negativo é il catodo. Durante la scarica l'elettrodo positivo della batteria é il catodo.

Cella - E' l'unità di base per generare energia elettrica. Si compone di: elettrodi, elettrolito, separatori, terminali e contenitore. Due o più celle in serie costituiscono una batteria.

Cella a secco - Una cella con elettrolita "immobilizzato". Il termine "cella a secco" viene spesso utilizzato per descrivere la cella di *Leclanché*.

Ciclo di vita - Numero di cicli di scarica e ricarica che un accumulatore può compiere, senza che la capacità diminuisca sotto una percentuale specificata del valore nominale. La sequenza può includere periodi a circuito aperto a temperatura specificata.

Collettore di corrente - Conduttore che raccoglie la corrente uscente da un elettrodo in scarica o entrante in un elettrodo in carica.

Consumo di corrente - La corrente fornita da una batteria durante la scarica.

Controllo della carica - Tecnica per interrompere efficacemente la carica di una batteria ricaricabile.

Corrente di cortocircuito (SCC) - Intensità iniziale della corrente che un generatore scarica su un circuito di resistenza trascurabile.

Corrente di scarica - La corrente prelevata da una batteria durante la scarica.

Corrente limite - Intensità massima che la batteria può erogare in una scarica continua senza che la tensione scenda sotto valori determinati. Nelle pile, di solito si pone questo limite a 1,1V.

Corrente pulsata - Passaggio periodico di corrente di intensità superiore a quella delle normali correnti fornite dalla batteria.

Corto circuito - Collegamento tra due punti di un circuito, a tensioni differenti e con resistenza nulla, che genera correnti molto elevate.

Coulomb - Quantità di elettricità trasportata da un ampere in un secondo (1 Ampère-ora=3600 coloumb).

C-Rate (vedi anche: Hourly Rate) - Corrente di scarica o di carica, in ampere, espressa come frazione della capacità nominale. Ad esempio, una corrente di scarica C10 di una batteria con una capacità nominale di 1,5 Ah è data da:
1,5 Ah/10 = 150 mA (La capacità di una cella non è la stessa per qualsiasi velocità di scarica e di solito aumenta al diminuire dell'energia richiesta).

Cutoff (vedi anche: Tensione finale) - Tensione prescritta alla quale si termina la scarica di una batteria.

Densità di corrente - La corrente per unità di area della superficie di un elettrodo.

Densità di energia - Energia di scarica riferita al volume della batteria (Wh/lt). Se é riferita alla massa si esprime in Wh/kg.

Densità di energia gravimetrica - Rapporto tra l'energia fornita da una cella o una batteria e il suo peso (Wh/kg). Tale termine viene utilizzato come sinonimo di energia specifica.

Densità di energia volumetrica - Il rapporto tra energia fornita da una cella o una batteria e il suo volume (Wh/lt).

Desorbimento - Il fenomeno opposto dell'assorbimento: rilascio del materiale ritenuto da un supporto o da un altro materiale.

Discarica sicura - Luogo dove é possibile scaricare rifiuti pericolosi secondo le norme delle leggi vigenti.

Dispositivo PTC (Positive Temperature Coefficient) - Mezzo di protezione sensibile al calore, che assume una resistenza ohmica elevata col riscaldamento.

Durata di immagazzinaggio - Periodo di immagazzinaggio in condizioni specificate, al termine del quale la batteria è ancora in grado di fornire determinate prestazioni.

Effetto memoria - Fenomeno che si verifica in un accumulatore caricato ripetutamente in modo parziale, la cui capacità diminuisce sensibilmente. Tale diminuzione é temporanea e la piena capacità può esser ristabilita mediante un opportuno ciclo di scarica profonda e ricarica. Il fenomeno é più sentito negli accumulatori al nichel.

Elettrodo - Il luogo in cui avvengono i processi elettrochimici. Questi avvengono all'interfaccia con l'elettrolita. Costruttivamente gli elettrodi si realizzano in forme diverse, di cui citiamo: gli elettrodi piani, intercalati positivi e negativi; gli elettrodi avvolti a spirale, avvolti con interposto il separatore e gli elettrodi cilindrici come nelle pile a secco.

Elettrolita - Mezzo che contiene ioni mobili che conducono la corrente tra gli elettrodi. Puo' esser liquido (p.es. accumulatori al piombo o al nichel) o immobilizzato in adatta massa porosa (pile a secco) o solido (elementi al litio).

Energia - L'energia che può essere fornita da una cella o una batteria, di solito espressa in wattore.

Energia specifica - Il rapporto tra l'energia erogata da una cella o una batteria e il suo peso (Wh/kg). Tale termine viene utilizzato come sinonimo di densità di energia gravimetrica.

Equivalente elettrochimico - Massa della sostanza depositata su un elettrodo dal passaggio di una quantità di corrente pari a un coulomb.

E-Rate - Potenza di scarica o di carica (in watt), espressa come multiplo della capacità nominale di una cella o di una batteria, a sua volta espressa in wattore. Ad esempio, la E/10 rate per una cella o una batteria con una capacità nominale di 17,3 wattore è di 1,73 watt. (Il metodo di calcolo è analogo a quello utilizzato per C-Rate.)

Fattore di utilizzazione - Il regime di funzionamento di una batteria, con particolare riguardo a fattori quali: le velocità di carica e di scarica, la profondità di scarica, la durata del ciclo e la durata del periodo di tempo in modalità standby.

Fusibile - Dispositivo per interrompere una corrente di intensità pericolosa.

Hertz - L'unità di misura della frequenza. 1 Hertz corrisponde a un ciclo completo effettuato in un secondo.

Hourly Rate (vedi anche: C-Rate) - Velocità di scarica, in ampere, di una batteria che fornisce le ore di servizio specificate sino a una data tensione di interdizione.

Idruro metallico - Composto intermetallico in cui é assorbito idrogeno (vedi lega AB5) viene usato per gli elettrodi negativi degli accumulatori del tipo Ni-MH (nickel metal hydride).

Impedenza interna - Si oppone al passaggio di una corrente alternata in un circuito elettrico. Essa é dovuta a tre componenti: resistenza ohmica (R), induttanza (L) e capacità (C).

Interruttore termico (TCO) - Dispositivo di sicurezza, sensibile alla termperatura che interrompe il circuito ad una soglia prefissata. Può essere un PTC (vedi) o un termostato.

Inversione - Cambiamento della polarità normale di una batteria dovuto a sovrascarica.

Inversione di tensione - Il cambiamento della polarità normale di una batteria dovuto a sovrascarica.

Lega - Composto derivante dall'unione di più metalli, o di un metallo e di una sostanza non metallica.

Lega AB5 - Lega metallica usata per accumulatori al nichel-idruri metallici (p.es. la Ni5 lantanionichel) che assorbe in carica idrogeno e lo restituisce in scarica.

Parallelo (Collegamento in parallelo) - Connessione di due o più celle, collegando i terminali della stessa polarità si ottiene la somma delle capacità singole.

Passivazione - Fenomeno per cui la superficie di un metallo non viene chimicamente attaccata perché protetta da uno strato superficiale autoprodotto.

Polarità - In elettricità, lo stato di carica positiva o negativa.

Polarizzazione - Calo della tensione quando si chiude il circuito e passa la corrente. Si somma alla caduta di tensione resistiva.

Profondità di scarica - Percentuale della capacità prelevata sulla capacità nominale.

Resistenza interna (IR) - Si oppone al passaggio della corrente continua detta resistenza ohmica, perché si misura in ohm. In una batteria é data dalla somma delle resistenze al passaggio della corrente di elettroni nei conduttori metallici e dalla resistenza dell'elettrolito al passaggio degli ioni.

Rifiuti pericolosi - Rifiuti classificati come potenzialmente nocivi per l'ambiente dalle norme o leggi statali. In Italia esiste un apposito consorzio (COBAT) che provvede alla raccolta smaltimento e riciclo dei materiali degli accumulatori al piombo ed al nichel.

Ritardo di tensione - Ritardo con cui una batteria fornisce la tensione di lavoro richiesta dopo essere stata collegata a un carico.

Ritenzione della capacità (o ritenzione della carica) - La frazione della capacità interamente disponibile che una batteria può ancora fornire, in condizioni specificate di scarica, al termine di un determinato periodo di tempo di immagazzinamento.

Scarica - Operazione durante la quale la batteria fornisce energia con la conversione di energia chimica, mediante reazioni chimiche agli elettrodi. Il regime di scarica é indicato dalla capacità nominale diviso per il numero di ore di scarica (p.es. C/10;C/2).

Scarica a corrente costante - Scarica di una batteria nel circuito in cui l'intensità é mantenuta costante.

Scarica a potenza costante - Scarica di una batteria nel circuito in cui il prodotto dell'intensità per la tensione ai terminali, é mantenuto costante (di solito aumentando opportunamente la corrente).

Scarica a resistenza costante - Scarica di una batteria durante la quale la resistenza del circuito rimane costante.

Scarica forzata - Scarica con inversione di polarità, ottenuta mediante corrente impressa da un generatore.

Separatore - Diaframma poroso che distanzia gli elettrodi per impedire il contatto elettrico, permeabile al flusso di ioni che trasportano la corrente nell'elettrolito.

Serie (Collegamento in serie) - Connessione di due o più elementi, collegando il terminale positivo col terminale negativo del successivo elemento e così in sequenza. La tensione della batteria é la somma delle tensioni degli elementi in serie.

Sfiato di sicurezza - Apertura in un elemento destinata allo sfogo di gas che si producono in carica ed a circuito aperto. Negli elementi di accumulazione consente operazioni di aggiunta o cambio dell'elettrolita.

Sovraccarica - Passaggio forzato della corrente attraverso una cella dopo che tutti i materiali attivi sono stati convertiti, ossia, continuazione della carica anche dopo il raggiungimento del 100% dello stato di carica.

Sovrascarica - Il processo di scarica di una cella o di una batteria oltre la propria tensione di interdizione, eventualmente con raggiungimento delle condizioni di inversione di tensione.

Spiraliforme - Dicesi della struttura di un elettrodo di area elevata, ottenuta avvolgendo gli elettrodi e il separatore in modo da formare una spirale cilindrica.

Struttura aperta - Schema di progettazione di una batteria in cui il supporto strutturale delle celle è costituito da un telaio aperto di plastica.

Sviluppo di gas - Emissione di gas da uno o più elettrodi di una cella. Di solito, lo sviluppo di gas è dovuto a un fenomeno locale (auto-scarica) o all'elettrolisi dell'acqua presente nell'elettrolita durante la carica.

Temperatura ambiente - Temperatura media dell'aria nel locale considerato.

Tensione a circuito aperto - Tensione ai terminali di una batteria quando non passa corrente.

Tensione a circuito chiuso - La tensione ai terminali della batteria, misurata mentre nel circuito passa la corrente nell'accumulatore, durante la scarica o anche durate la carica.

Tensione di lavoro - La tensione tipica, o l'intervallo tipico di tensioni, di una batteria durante la scarica (detto anche: tensione di esercizio o di funzionamento).

Tensione di punto medio - La tensione prescritta alla quale si termina la scarica o la carica di una batteria.

Tensione finale - (vedi anche: Tensione di interdizione) - Tensione prescritta alla quale si termina la scarica o la carica di una batteria.

Tensione nominale - Tensione caratteristica di una batteria.

Termistore - Resistore la cui resistenza elettrica varia con la temperatura.

Termostato - Un interruttore termosensibile.

Test continuo - Un test in cui la batteria viene scaricata senza interruzione sino al raggiungimento di una tensione prestabilita.

Test intermittente - Test durante il quale una batteria è sottoposta a periodi di scarica alternati a periodi di riposo, secondo un regime di scarica specificato.

Umidità ambiente - L'umidità media dell'ambiente.

Valvola di sicurezza - Dispositivo in grado di espellere i gas in eccesso dall'accumulatore.

Velocità di scarica - La velocità, solitamente espressa in ampere, alla quale la corrente elettrica viene prelevata dalla batteria.

Vita in servizio - Periodo di vita utile di una batteria prima che la capacità sia diminuita sotto il valore prefissato.

Voltage Keyed - Un sistema dotato di un identificatore meccanico, posto su batterie e apparecchi, che serve ad assicurare che solo le batterie aventi la tensione corretta vengano collegate all'apparecchio.

BIBLIOGRAFIA GENERALE

Guido Clerici, *Accumulatori elettrici*, Editoriale Delfino

Giancarmelo Moroni, *Accumulatori pile & batterie*, Libri Sandit

AA.VV., *Gli accumulatori elettrici: costituzione ed esercizio. Quinta edizione. Quaderni di elettrochimica*, Editoriale Delfino

W. Bermach, *Gli accumulatori. Teoria - Costruzione - Manutenzione - Applicazioni*, UTET

G. Brucchietti, *Gli accumulatori elettrici*, Vallardi Editore

NOTE:

NOTE:

NOTE:

NOTE:

NOTE:

NOTE:

NOTE:

NOTE:

NOTE:

NOTE:

NOTE:

www.ingramcontent.com/pod-product-compliance
Lightning Source LLC
Chambersburg PA
CBHW060358190526
45169CB00002B/646